郭永艳 徐力 编著

■ 造物文化与设计丛书

创 意 思 考

—— 设 计 方 法 学

中国建筑工业出版社
CHINA ARCHITECTURE & BUILDING PRESS

图书在版编目（CIP）数据

创意思考：设计方法学 / 郭永艳，徐力编著. —北京：中国建筑工业出版社，2018.5
（造物文化与设计丛书）
ISBN 978-7-112-22045-8

Ⅰ.①创… Ⅱ.①郭… ②徐… Ⅲ.①工业设计—方法 Ⅳ.① TB47

中国版本图书馆CIP数据核字（2018）第063309号

责任编辑：吴　绫　李成成　李东禧
责任校对：王　瑞

造物文化与设计丛书
创意思考——设计方法学
郭永艳　徐　力　编著
＊
中国建筑工业出版社出版、发行（北京海淀三里河路9号）
各地新华书店、建筑书店经销
北京京点图文设计有限公司制版
北京中科印刷有限公司印刷
＊
开本：787×1092毫米　1/20　印张：10　字数：189千字
2018年5月第一版　2018年5月第一次印刷
定价：45.00元
ISBN 978-7-112-22045-8
（31917）

　　本书的读者对象是广大设计爱好者和设计系的学生，希望大家读完本书能够对设计的基本观念和设计方法有初步的了解。笔者用通俗易懂的方式讲述相应的知识点，在结构上采用了情境化的编排方式，希望能带给大家有趣的阅读体验。全书共分为六章，基本概括了设计展开的角度和目前设计领域关注的主要问题。其中第一章为全书概论，第二章从历史文化的角度来分析文化类设计，第三章从技术发展的角度来解析技术驱动创新的设计，第四章是从以用户为中心的角度来介绍用户研究方法，第五章从社会趋势的角度解读设计未来的发展，第六章用设计案例来介绍设计流程和设计方法的应用。

　　每章介绍一个设计切入点，在这一视角的基础上又分成四个小章节，分别从不同的设计情境来代入设计问题，目的是让读者从各个角度理解设计方法，并能灵活应用各种设计工具展开设计工作，同时希望读者通过在不同的设计情境中独立思考，发现设计问题，从而更深入地理解设计背后的原因，学会像设计师一样的思考。设计思维方式不仅适用于设计行业，它同样将对其他行业的工作产生有益的影响。

　　本书通过理论梳理和案例研究，让抽象的设计方法能够更加容易理解和掌握。书中案例主要由国际设计大赛中的获奖作品、学生的设计作业和公司提供的商业案例三部分组成。在此，我们对提供本书案例的公司和同学表示感谢，也对书中引用的设计作品的作者表示真诚的谢意。

　　本书是由两位作者一起合作完成的，第一、三、四章由郭永艳老师撰写，第二、五、六章由徐力老师撰写。在成书的过程中我们克服了诸多困难，由于编者水平经验有限，本书中难免会存在一些疏漏之处，还望各位读者和同行的朋友们不吝赐教，给予指正，并提出更好的建议，如果有机会我们将会在今后的改版中进行修正，在此一并表达我们的谢意。

目 录

第一章　绪言——设计方法概略

进化——设计概念的演化

　　在谈设计方法之前，我们先来了解一下什么是"设计"以及"设计概念的发展"。"设计"从人类生活的历史初期就开始了。它是先有问题产生、然后才有一连串解决问题的方案的活动，也就是说，问题在先，解决方案在后。当然，每一个问题的类别、性质不同，其解决的程序各异，最后产生的设计式样也不同，但设计的出发点都是以人为中心、以问题为导向的创造性活动。

　　不同的人从各自角度看到的设计概念是不同的，这恰恰反映了设计是一个多元的存在。

　　"设计是一种文化"（清华大学.柳冠中）强调了设计在文化推广和传承方面的价值；"设计就是追求新的可能"（日本，武藏野）强调了设计在创新驱动方面的意义；"设计就是协同"（蜻蜓设计公司，俞军海）体现了设计是一种协同管理提升社会效率的方法；"设计就是经济效益"（香港，林衍堂）指出设计是为经济发展提升巨大附加值的工具。"设计"这个词越来越被大众熟知，似乎生活中的任何产品、视觉、环境、娱乐、商业等都离不开设计光环的加持。而随着时代发展，设计概念本身也在不断发生变化，设计师的角色定位也随之变换。给设计下个准确的定义似乎非常困难，让我们从设计概念的几次历史发展来理解一下这其中的变化。

　　首先，在1980年国际工业设计协会理事会[1]第11次年会提出的设计概念如下："就批量生产的工业产品而言，凭借训练、技术、经验及视觉感受，赋予产品以材料、结构、形态、色彩、表面加工以及装饰给予新的质量和资格，叫做工业设计。根据当时的具体情况，工业设计应在上述工业产品的全部侧面或其中几个方面进行工作，而且，当需要工业设计师对包装、宣传、展示、市场开发等问题的解决付出自己的技术知识、经验和视觉评价能力时，也属于工业设

---

[1]　国际工业设计协会理事会（WDO）http://wdo.org/.

计的范畴。"这一概念诞生于工业设计在中国启蒙的 20 世纪 80 年代，概念强调了对产品美感和视觉经验的提升，提出设计的目的是改善产品质量，提高产品的附加价值。

其次，到了 2006 年，国际工业设计联合会又提出了新的设计概念。即"设计是一种创造性的活动，其目的是为物品、过程、服务以及它们在整个生命周期中构成的系统建立起多方面的品质。因此，设计既是创新技术人性化的重要因素，也是经济文化交流的关键因素。设计的任务是致力于发现和评估与下列项目在结构、组织、功能、表现和经济上的关系：

增强全球可持续性发展和环境保护；

给全人类社会、个人和集体带来利益和自由；

考虑最终用户、制造者和市场经营者的需求；

在世界全球化的背景下支持文化的多样性；

赋予产品、服务和系统以表现性的形式并与它们的内涵相协调。

设计关注于由工业化而不只是由生产时用的几种工艺所衍生的工具、组织和逻辑创造出来的产品、服务和系统。也就是说，设计是一种包含了广泛专业的活动，产品、服务、平面、室内和建筑都在其中。这些活动都应该和其他相关专业协调配合，进一步提高生命的价值。"

在这一概念中，设计对象扩大为产品、服务和系统，打通了从具体产品到商业服务流通再到室内外环境等一系列设计的环节并将其综合。设计理念也有所拓展，从之前对经济利益的单一强调到对全球环境保护的关注，对世界文化多样性的保护，和对产业链上各个群体的关注和利益平衡。这是一个业界协同发展，一同关注全人类发展，具有更高设计道德的设计概念（图 1-1）。

到了 2015 年，随着互联网技术的发展，一波新技术浪潮革命给全球的经济发展带来巨大震荡，设计概念也随之进行了调整。目前为止，最新的设计定义为"在新的时代语境下，工业设计应当是一种策略性地解决问题的过程。它能够应用于产品、系统、服务和体验，并引领创新、成就硕果、提升生活质量。工业设计融合了创新、技术、商务和研究，是与客户紧密相连的跨学科设计，并可以在经济、社会、环境和伦理层面为创造一个更美好的世界作出贡献。"设计不再是局限于单一产品设计的一项技术，而是用设计的手段和设计思维解决更广泛的经济、社会、环境和伦理层面的问题，设计不再是一种工具，而是成为一种思考问题的方法，这是它最大的价值输出。由于设计概念的进一步扩大，工业设计联合会这一组织也同时改名为"国际设计组织"，形成"大设计"的概念。

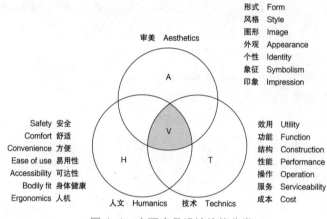

图 1-1　主要产品设计价值分类

历程——设计观念的发展

生产技术是第一生产力。随着技术革命的发展，工业设计观念在其发展历程中经历了几个重要的转变过程，如果简要回顾一下这段历史就会发现，似乎设计观念也在沿着循环上升的路径前进。

1. 手工艺时代的设计

在这个时期，技术的发展非常缓慢，设计的特点是设计和制造合二为一。工匠技术一般是家族企业继承或者通过学徒制传承，制造者根据自己对市场的把握，完成设计制作过程，产品由工艺人独立完成，种类比较单一，工艺发展比较缓慢。产品工艺在能工巧匠的代代相传中逐渐进化，虽然创新的周期很长，但是加工技艺精湛。这时产品的设计已经逐步从巧妙的结构功能向文化审美和地位象征功能延伸。

2. 工业设计创新的萌芽阶段

18 世纪 60 年代首先爆发于英国的工业革命，带来了从生产方式到社会关系乃至整个人类社会生活的巨变，它标志了人类社会从手工业时代进入工业时代。人类开始用机械大批量地生产各种产品，工业革命后出现了机器生产、劳动分工和商业的发展，同时也促成了社会和文化的重大变化。

1851 年，为了炫耀英国工业的先进，英国伦敦举办了 19 世纪最著名的设计展览——水晶宫博览会。水晶宫的设计采用了玻璃和铁架结构，模块化组装的建造方式，这次博览会对普及现代设计理念产生了根本性的影响 [1]。德国包豪斯学校（Bauhuas）成立的目的是培养新型设计人才，它是世界上第一所完全为发展设计教育而建立的学院 [2]，奠定了现代设计教育体系的基础。包豪斯的设计教

---

[1] 何人可.工业设计史 [M].北京理工大学出版社 .1991：122.

[2] 王受之.世界工业设计史 [M].中国青年出版社 .2002：135.

育一直强调标准化、集体工作方式，把流于创作外形的教育重心转移到"解决问题"上去，使设计提供方便、实用、经济、美观的设计体系，形成一种简明的适合大机器生产方式的美学风格，为现代设计奠定了坚实的基础。

3. 工业设计创新的普及时期

20世纪中期，美国的现代商业模式也发展成熟，工业设计理念与现代商业的结合，使得工业设计真正开始走入企业、进入社会。在这个时期，福特汽车公司为了提高生产效率降低生产成本，创造了流水线生产工厂，而与之竞争的通用汽车公司早在20世纪30年代，为了与福特汽车抗衡，引入了市场分割策略，年度换型计划，满足了供大于求的市场状况下人们对于产品个性化的需求。

在航天业飞速发展的鼓舞下，人们对于未来的生活方式充满了向往，富裕起来的消费者追求未来时尚的生活场景，代表宇航飞行器的流线型产品成为象征未来风格的产品形态。该期间著名设计师雷蒙·罗维设计了流线型的冰箱，该设计大大地改进了冰箱的造型和功能，产品给人一种整洁的新形象，制冷装置也由大片金属覆盖，即使手中拿满食物也很容易把冰箱门打开。为了防止生锈，还用铝质材料作内部金属架。冰箱投放到市场后，销售量每年增加。这是早期运用工业设计创新获得产品成功的典型范例。

经济水平发展改变了人们对产品的看法。传统现代主义严谨、朴素、简洁的设计风格被认为是理性冰冷的，而用户的兴趣已经变得充满喧闹的烟火气，他们需要有趣的、丰富多彩的设计，需要造型柔和，能够为人类服务的设计。以格雷夫斯设计的胶木电话机为例，设计开始重视人机工程学的应用，通过人体测量和实验建立基本的人性化设计原则。

4. 信息时代的工业设计创新

在以计算机技术和通信技术为代表的信息时代，一方面，消费者在物质丰裕的时代不断求新、求变，激烈的商业竞争要求企业以最快的速度推出新产品。工业设计创新的重要性被提到空前的高度，且呈现出新的特点，技术和创新的速度加快，极大缩短了创新周期。信息时代的产品由于核心芯片的体积缩小，产品向"轻、薄、短、小"的趋势发展，产品的外观语义传达和情感设计成为设计重点。

另一方面，设计者对世界的责任意识也在增强，设计界倡导绿色设计理念，呼吁设计师关注全人类的共同利益，保持生态平衡、预防环境污染、保护和循环利用资源；未来设计将更加重视健康、安全、与自然界的和谐、重视人的因素和全人类的利益，重视物质技术与物质形态的统一。

信息社会也被称为后工业社会，有许多功能和其物质载体分离了，非物质社会建立了一个依托于网络的虚拟世界。在这个世界里，电子商务发展起来，网络社区日益活跃，人们在比特世界里获得了前所未有的乐趣。

5. 智能时代的设计前景

从 20 世纪 50 年代末开始，产品设计更加紧密地与行为学、经济学、生态学、材料科学及心理学等现代学科相结合，逐步形成了一门以科学为基础的独立完整学科。大数据、云计算和快速处理器的发展使人工智能成为未来科技突破的重点。我们应当思考设计学如何在这一趋势下生存发展，思考在由以机械化为特征的工业社会走向以智能化为特征的"后工业社会"的进程中，如何继续发挥作用。

人类正在迈向智能时代，智能时代被形容为第四次工业革命，在这一时期出现了大量新技术和新产品：信息电子产品出现智能化趋势，促进了物联网的发展；新能源汽车和无人驾驶汽车的出现为应对能源危机和提供更舒畅的驾驶体验提供了部分解决方案。可穿戴设备的出现让人们提取生理数据，并汇聚成健康大数据，为远程医疗提供支持。移动支付打造无现金社会，以诚信积分作为社交货币，打通了行业壁垒，形成线上线下完整的服务链，让人们生活、办事更加顺畅、高效。这一切变革都在逐步发生，新的用户体验正在形成中，设计者在这一趋势中起到沟通人与技术的桥梁作用，设计的工作范围将更加宽广。

灵感——设计的灵感来源

1. 源于自然的设计

大自然是设计的源泉和宝库，自然物体经过漫长的进化，形成了独特的结构、形态和功能，为设计师提供了大量灵感。仿生设计是设计师进行创造的重要方法之一，仿生设计包括功能仿生、形态仿生和肌理仿生。功能仿生是指通过对自然结构和内在运行机理进行观察，模仿其功能原理进行设计的方法。例如，雷达探测的机理源于蝙蝠，紧身泳衣减少水流阻力的机理源自鲨鱼皮，机翼防止颤动的原理源自蜻蜓的翅痣。设计师 Radhika Seth 设计了一款 iPad 吸附支架，展示了时尚的设计可以既优雅又实用，它的创新在于其仿生学的灵感——壁虎的吸附能力。形态仿生设计源于人类对自然潜在的向往情绪与亲密感。自然形态让人们感到熟悉和放松，在设计史上有多次回归自然的设计思潮，比如新艺术运动提倡在书籍装帧、产品设计和室内外空间的设计上大量运用卷曲的自然植物，表现出自然之美。现代设计师则将仿生对象的整体或局部经过造型处理应用到产品外观上，让人产生某种相关联想，满足人们亲近自然的情感需求。设计师汉宁森设计的 PH 灯具，巧妙借鉴了松果的造型，形成片状包裹的球形灯具，不但形态优雅，在人机关系上也充分考虑了防止眩光和材质滤光的特性，使形态、功能与环境完美融合。肌理仿生是指设计师借鉴和模拟自然物表面的纹理质感和组织结构的特殊属性，结合产品的实用性，突出表面纹理的审美和情感体验，深泽直人在饮料包装设计上就借用了水果的肌理特征，让人垂涎欲滴。

2. 源于历史文化的设计

文化是在一定时期内形成的思想、理念、行为、风俗、习惯、代表符号，及由这个群体整体意识辐射出来的文化群体（可以是国家、也可以是民族、企业、家庭）的一切活动[1]。柳冠中先生在《设计文化论》中曾将精神文化解释为"不单纯直接地从实践活动的形式表达出来，而是这些人化了的物所体现出人类智力意向中的某种精神、风格、旨趣、神韵的凝聚"。文化不是妆点设计的"涂脂抹粉"，而是从多个层面影响着设计的审美趣味、心理活动和生活方式。因此文化在设计中的应用通常有三个层次：文化符号纹样的象征应用、审美趣味和意境的营造，以及文化生活方式和思想观念的继承和发展。第一层次是表象层。传统的符号和图案纹样产生于中华民族追求吉祥、幸福的民族心态，所以在剪纸、刺绣和雕刻中，民间自发地运用象征表现手法，利用汉语中的谐音、双关等方式创造出了丰富多彩的文化语义符号，这是现代设计取材的一个丰富的宝库。第二个层次是审美意境层面。意境的营造不只是传统符号的堆砌，而是在对传统文化充分理解的基础上，经过加工处理、删繁就简、标新立异，产生新的设计样貌，然而其精神实质和意境韵味仍然保留了传统风格的底子。第三个层次是对文化生活方式的设计。生活方式体现了价值判断、行为模式、社会交往等多层面的意义。近几年随着中国经济的强大崛起，中国文化也更加受到重视，在此重提"民族的就是世界的"这一概念，在世界全球化浪潮中，保留独特的文化印记，产生带有本民族特色的设计，给世界输出一种东方的设计思维，让更多人通过设计了解中国文化和中国历史，是文化设计的价值体现。

3. 源于用户体验的设计

用户体验是用户在使用一个产品或系统之前、使用期间和使用之后的全部感受，包括情感、信仰、喜好、认知印象、生理和心理反应、行为和成就等各个方面。简单地说，就是这个产品好不好用。影响用户体验的三个因素为：产品（系统）、用户和使用环境。在用户层面，需要了解这个交互有谁参与。深入挖掘交互背后的人的人口特征与心理变量。如果能把人们从哪里来、在想什么结合起来，就能产生同理心，了解他们需要什么。在产品层面，需要

---

[1]　中国社会科学院语言研究所词典编辑室. 现代新华字典 [M]. 北京：商务印书馆 .2016：1372.

了解用户在操作什么物体,人们通过什么媒介在与产品进行沟通。在环境层面,需要了解产品操作发生在什么地方, 这个环境对人机的交互过程产生哪些限制因素。

用户体验超出了对产品的静态认知, 在体验中加入了时间的概念, 从四维的角度形成对产品的全面认识。产品是有形的, 体验是无形的, 基于用户体验的设计让设计师更加关注无形产品所带来的软性价值。好的用户体验是以人为本的设计, 考虑到人机关系和人的心理认知能力。好的用户体验是动态发展的, 由于人的需求具有不断求新、求异、变化的特点, 一个兴奋型需求很快会变为产品必备的基本需求, 因此通过探测用户的潜在需求, 不断满足新的需求增长将成为提升用户体验的必由之路。

4. 源于审美的设计

二十一世纪是一个美感升级的新时代,台湾的詹宏志先生写了《美学的经济》一书, 提出经济发展的原动力之一是美学, 审美能力限制和推动了数码时代产品的销售。特别是在全球共同迎接的产业升级的当今社会中, 人们购物的目的不仅是解决基本的生存和功能性需求, 更多的是在通过产品表达自己, 通过购物环节中对产品符号、配件、质感、纹理、形态的了解来反映自我的表达, 通过对卖场的空间、音乐、空气、灯光等综合因素的体验, 融合买家当时的情绪状态, 共同构成了消费者的美学体验。

随着第三次消费结构升级, 我国居民的消费支出更多集中于教育、娱乐、文化、交通、通讯、医疗保健、住宅、旅游等领域, 消费关注点从基本的温饱型消费向精神性消费转变[1]。以生活电器的消费升级为例, 居民品质消费趋势表现为: 更加注重技术革新带来的生活智能化; 更加注重技术革新带来的品质提升与营养价值提升; 更加注重健康与卫生; 更加注重节能环保; 更加注重生活品位与艺术感, 时尚、美感和颜色等已经成为必不可少的关注元素。

---

[1] 维基百科 . 中国三次消费升级 . http://www.baike.com/wiki/.

产品设计常用的思维方法

1. 功能论设计思维方法

功能论的设计方法是指把客观需求转化为满足该需求的技术系统的活动。功能设计的方法是将设计对象视为一个技术系统，对产品的各部分进行抽象的功能定义，对各功能元加以分解和归类形成功能树结构，进而探索实现各种功能的技术途径和解决方法。当面对复杂问题的设计时，把一个总功能分解为若干有内在逻辑顺序的子功能，然后化繁为简各个击破，最终实现总功能的改进。

功能论设计方法中把有待设计的技术系统看作黑箱，通过输入搜集到的信息、能量、材料等信息，经过思维激发，产生满足该功能的新的设计方法（图1-2）。之后设计者对各种技术途径采用形态学矩阵进行排列组合，优选出最佳的技术原理方案，最后再对原理方案进行具体化设计。功能系统图将功能单元与造型单元构造相结合，提供了一种造型设计新思路。

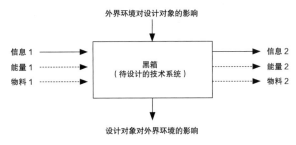

图 1-2 功能论设计方法

功能分析是一种分析现有产品或概念产品的功能结构方法，功能分析法的目的是实现对象的必要功能，剔除剩余功能和补充不足功能。它让设计师免受具体设计对象的干扰，而是以功能抽象的思维来看待问题，这有利于设计师克服思维定式，开拓创新思路。

2.系统论的设计思维方法

随着科技的进步，人们生活方式和消费观念等发生变化，产业结构、市场、产品结构已经发生巨大的变化，工业社会组织与产品形态也趋向复杂，而产品在市场上的需求趋势也随着人们生活水平的提高而变化，孤立地考虑某一产品本身的设计已无法适应社会的需要，因此设计中引入了系统论的思想和方法。设计的本质在于创造未来，造福人类，提高人们的生活质量，创造一个"人—自然—社会"和谐发展的良好系统，这个系统融合了产品设计、视觉传达和空间设计三个设计领域的内容（图1-3）。

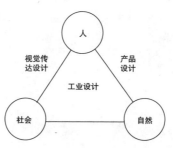

图 1-3　工业设计的系统论

系统论设计观的显著特点是：整体性、综合性、最优化。根据事物是普遍联系、相互作用的观点，构成系统的各项子目标都具有特定的功能和目标。整体性就是要整体思考产品所处的使用环境、使用对象特征，产品循环使用等因素，从总体利益出发来解决问题。综合性是运用模块设计系统，通过功能模块的选择与组合构成不同的产品，以满足市场多样化需求的设计方法。通用模块与专用模块，用标准化接口的设计方法，同时兼有标准化设计、组合化设计和多样化设计。最优化能对产品的最终形式做出有限界定，利于创造多样化的设计方案，在多种方案之间通过系统综合和优化，寻求最佳方案，这是形成新产品的有效方式。

设计系统分析的方法也是对调研信息进行逻辑整理的方法，目的是通过梳理，让零散的信息逐渐汇聚成设计的主线，从宏观系统的角度思考，让设计师能考虑更多元的价值。

3. 人性化设计思维方法

中国古代就有"天人合一"的思想，在现代"以人为本"的观念已经深入人心。人性化的设计不仅满足了人类对产品功能的需求，也关注了人的精神需求，同时促进了人类与环境的和谐相处。对一件产品的人性化思考有以下几个影响因素：动机因素、人机工程学因素、美学因素、环境因素、文化因素等。

设计的出发点在于满足人们的需求。根据马斯洛的观点，在动机因素上，将人类需求分为生理、安全、社会、自主和自我实现五个层级，总结起来这些需求可以归类为生理性需求、心理性需求和智性的需求，这些需求具有动态发展的过程。人机工程学因素一方面着重探讨操作者的身体尺寸测量和机体反应与产品设计的关系问题；另一方面，研究空间和产品使用行为对人的安全感、舒适感和情绪等的心理影响。美学因素涉及美的创造与视觉、听觉和触觉感受等之间的关系，主要研究美的法则、美的趋势和美学特性对人的情绪感染作用。

环境因素的影响包括宏观和微观两个部分。人性化的设计取材要因地制宜，使用操作方式要符合环境特征，这些微观因素对产品设计是一种显性的影响因素。当地的法律法规、社会潮流趋势、传统习俗、生活方式等宏观因素都是影响人性化设计的隐性因素。文化是我们生活环境中与一切活动有关的事物，包括吃、穿、住、行、信息传播等各个方面。围绕这些活动产生的一系列器物设计构成了我们的生存环境。文化因素在人类活动的一切物品上打下印迹，从文化符号、产品的使用方式到生活方式和设计体验，全都受到文化价值观的内在影响。因此，人性化的设计离不开对文化的了解和学习。

在人性化设计方法中，首先要深入洞察用户的需求。在 IDEO 公司[1]创立的创新方法卡片中总结了常用的用户调研方法（表 1-1）。这些方法在设计不同阶段中灵活应用，能够帮助设计师更好地洞察用户需求。

IDEO 公司用户调研方法　　　　　　　　　　　表 1-1

了解	观察	询问	试用
分析已收集的信息，识别设计模式和洞察	观察人群，观察他们做什么而不是说什么	争取人们的参与，以获取与项目相关的信息	创造模拟物来帮助理解用户，评估设计提案
行为分析	生活中的一天	拍照日记	行为样本
亲和图	行为考古学	卡片分类	称为用户
人机分析	行为地图	认知地图	身体风暴
角色特性	旁观者	拼贴	同理心工具
认知任务分析	导游	概念景观	体验原型
竞争产品调查	个人活动行程表	文化探测	咨询
跨文化比较	快速的民族志	经验绘图	纸原型
错误分析	Shadowing 投影	采访极端用户	预测来年的头条新闻
流程分析	社交网络图	5Whys	快速简陋原型
历史分析	静态照片调研	驻外记者	角色扮演
长期预测	时间推移视频	叙述	比例模型
二手资料研究		调研和问卷	情节脚本
		非聚焦小组	脚本测试
		词汇概念相关性	亲自试用

4. 商业性的设计思维方法

当今社会是一个商品化的社会，设计师所设计的产品需通过营销转化为商品才能体现其价值。任何一件产品的发展大致要经过：产品构思、形成概念、方案的筛选与评价、产品的开发、市场开发、上市销售。

产品商业性的第一步是进行商品定位，这样可以找到独特的市场需求，启发设计思路。要取得商品化的成功，设计师需要建立产品的差异性，一般来讲，

[1]　IDEO 公司 . https://www.ideo.com/eu.

产品的差异性分为三类：功能上的差异性、心理上的差异性和技术上的差异性。进行设计定位时，一般步骤包括：首先寻找产品的特征，从产品的形态、色彩、质感、功能、质量、价格等多个角度分析消费者最关心的产品特征，并进行相应的产品规划。其次是建立"产品差异性空间"，将竞争产品分布在四个象限中，可以看清楚产品在不同市场领域的分布状况，发现潜在的空白市场。最后形成产品概念。产品概念是对产品设计的初步设想和规范，明确设计定位有助于进一步实现设计的差异化。

在商业性的产品设计开发中，有时候需要进行市场调查，通过"市场导向"来开发新产品。但是随着技术发展的加快，这种方法不能满足快速变化的市场需要，因此代之而起的是以"需求创造导向"的产品设计方法。通过研究人们的生活形态，研究技术的演进规律，研究经济发展状况，以此来推断未来的产品形态，从而引导需求、创造需求。随着产品价值由产品功能向产品服务发展，能够提高产品附加值的服务设计成为又一个设计发展热点。

除此之外，各国著名的设计师还会有自己独特的设计思维和设计角度，由于设计角度的变化，他们对同一个问题往往诞生出与众不同的奇妙设计。这样的设计往往更具有实验性质，能够借设计的载体给人带来更多对于生活本质的思考（图1-4）。

总之，设计是一个动态发展的过程，在设计中唯一永恒的就是"变化"。随着技术和环境的进步，设计概念顺应时代发展不断进行修正，设计的范畴也在不断扩大。设计创意方法一书将通过对各类设计要素和设计案例的分析，让大家学会"像设计师一样思考"。

放大　　　缩小　　　鸟瞰　　　360°环视

由内向外看.　　　穿越整个生命周期看.

向后看→历史　　　现在　　　向前看→未来

简化　　　模块化　　　换个身份看.

图 1-4　设计视角

第二章　微观宇宙——从生活中

找到灵感

　　微观是相对于宏观而言的，相对于我们所知的（其实是几乎无所知的）无限大的宇宙环境，地球是"微观"系统；相对于地球环境来说，人类的生存闭环是"微观"系统；这有点像无数个同心圆构成的示意图，如果不断寻找更小的同心圆来缩小我们的观察范围，我们会发现周而复始的系统无处不在，它们出现很快，且具备自治力、适应力及创造力，也随之失去控制，重新开始。有始有终是件美妙的事情，通过选择、观察、归纳微观系统的循环规律是不是可以给设计以灵感，给灵感以合理性。

　　于是，这个微系统的选择被摆到眼前。我们走出房门见到最多的除了自然界的事物外，就是人，凭着你的经验，可以判断出拥有这些身体的人是富人还是穷人，健康还是病态，蓝领还是白领，沉着还是胆怯……虽然不绝对，但也能说出一番所以然。身体只是一个载体，反映的是它的经历——生物的和社会的。

　　设计是求解和决策的过程，而核心为人。食、衣、住、行一方面经历身体检测，直接成为人类行动的凭据和基础甚至记号；另一方面它体现出身体的社会诉求，不断随着意识、价值、思维、道德、审美、科技变化的诉求，相携而行。

食——食器的设计

　　撇开饮食不谈，来挑一挑食器。从食器的设计到行销的概念，这"味道"早已不单在舌尖。再闭上眼睛想想父母厨房里的物什，浮现的却是一场生活。

　　蜂窝煤炉上煮着米饭的铝锅，最后一点点潮气和夹生饭要靠倾斜着锅转圈烘好。白饭盛到青花玲珑罗汉碗中（图2-1），盖住了碗底的一对龙凤。扁平的饭铲被利索地在碗边刮了一下，把黏着的米饭刮进碗里。而菜碗简朴了很多（图2-2），中型、广口、白瓷、离碗口0.5厘米处滚着一粗一细两条蓝边。是深碗，中国菜大多有汁或者芡，连汁带菜用这种碗装着合适。汤是装在烧汤的搪瓷双耳锅里直接端上来，锅内雪白锅外几枝红的、黄的、对称的花枝缭绕，少不了有崩掉了搪瓷的边边角角，塑料筷筒里插着一把木筷。这是20世纪70年代几乎每个家庭会用到的食器。相信吗？食器作为一种物质与文化的符号，可以反映设计时的社会生产条件、文化经济特点、生活使用习惯、社会价值取向。当然，除了食器，当我们设计其他产品时也不要忘记考虑这些因素。

图 2-1　青花玲珑罗汉碗　　　　　　　图 2-2　菜碗

1. 食得其所　顺势而为

　　从工艺美术时期到后现代主义，由于工业革命引发了社会变革，西方世界中现代艺术设计思潮风起云涌，各种主张和风格不绝于耳。在这变革的时代，食器的形式也迅速、不断地在适应、融合、改变。出现一批经典的、具有时代感的设计，呈现出丰富多彩的时代的特征。

19世纪末20世纪初，欧美各国都曾以柔美的曲线和曲线装饰为流行，被称为"新艺术样式"。在装饰中有大量的有韵律的花草植物线条，流动且华丽。乔治·杰生受到当时新艺术创作风格启发，将大自然的元素带进银器设计，代表作是"花团锦簇"系列。以复杂弯曲的线条、互相缠绕的花朵、枝叶，镂空的雕刻表现新艺术，进而树立了北欧银器设计的典雅风格[1]（图2-3）。

20世纪初的贝伦斯又将设计带到新高度。他将设计与工厂有机结合到一起，在与AEG的合作中，摸索出现代公司设计与销售的雏形。贝伦斯的电水壶设计采用了现代材料，造型上既有现代特质又有古典美的神韵（图2-4）。

图2-3　乔治·杰生"花团
　　　　锦簇"系列

图2-4　贝伦斯的电水壶

1900～1930年期间，工业界全面进入了机械美学时代，机械生产的标准化商品，呈现简洁的美，人们推崇商品的功能性，包豪斯成为代表（图2-5）。

造型追随功能，例如茶壶上壶盖的弯钩，可以轻易拉起壶盖和壶内的过滤器，并不是无用的装饰，充分表达了包豪斯精神。

每一个时代中食器与时代进程裹挟而来，食得其所，慢慢积累，至今仍被效

---

[1]　林桂岚.挑食的设计[M].济南：山东人民出版社，2007.

法运用——德国的严谨理性、北欧的人文气质、美国的科技商业化、日本的人性化体贴。每个风格的奠定也不是偶然，都是随社会和经济发展，影响着全世界。

图 2-5　TAC 一号茶具

2. 食得其法　各司其职

西餐桌上琳琅满目的刀叉勺匙，中央放展示盘，盘子右旁摆刀、汤匙，左边摆叉。依用餐顺序，前菜、汤、料理、鱼料理、肉料理、视你所需由外侧至内摆放及使用。当看到洋洋洒洒的餐具摆放，如同看到了用餐方式、用餐的过程以及菜品类型。因为这些餐具都是手的延伸，例如盘子，它是整个手掌的扩大和延伸；而叉子则更是代表了整个手上的手指。餐刀的使用是因为西餐中许多食物在烹调时都切成大块，而在吃的时候再由享用者根据个人的意愿，把它分切成大小不同的小块。每件餐具都有其适用的道理，肉刀刀身细长且锐利；鱼刀刀身宽，切鱼肉时才不会散开，刀尖出的弯月造型可以切割鱼头鱼尾；起司刀呈片状，中间的刮刀可以刮去老旧的起司表皮（图2-6）。

图 2-6　起司刀

再以 "XELA" 餐刀组具为例，通过思考各种料理内容以及使用餐刀具组的场景后，最终成为 18 种。从连肉筋都能切断的锯齿状刀刃，到奶油刀刀刃造型等各种功能。其中有一款三根爪的叉子是用来专门优雅地品尝意大利面的。通常大家吃意大利面的动作是卷成团再入口，而四根爪的叉子卷成的团太大，不容易入口或者会把酱汁涂在嘴边。当换成三根爪的叉子时接触面变窄，正好可以优雅地入口。

中餐桌上单枪匹马两根筷子，但也是擅于攻其事的利器。而筷子的独当一面，是应用了物理学的杠杆原理，元素简单但又丰富。圆身方头取物放置统统满足。筷子经过了长期的演变，其长短粗细结构已有了一定的规范。一般长度在 22~26 厘米左右。这一长度与人的前臂长度相当，上部方形使搁置时不易滚落，手持时摩擦增大，而且方形更方便雕刻纹饰。下部圆形更适合口唇，更易入口。最精妙的是中间部分方圆形态的过渡，结合得自然而流畅。筷子的基本功能包括插、挑、夹、扒、搅、摆、捞等，仅用几根手指的相互配合就可以完成几乎所有的进餐动作。可以说是大智慧，体现了中国传统造物观的 "物尽其用" [1]。

在这些食器面前，你可以看到明确的功能分工，各个细节深入研究、仔细斟酌，比如为方便使用和清洁的弧度、金属材质的反射光、适合的重量感手感、周到的动作考虑，事理的理解，甚至与周边产品使用的配合。创作来源就是对生活、对人、对事的入微体察。

3. 食得有趣　别有洞天

今天，身为设计师的我们免不了要为品牌和消费者讲故事。我们的作品不管是一件家具、一个空间，还是一本画册、一个广告画面，都需要有更好的故事题材作为支撑。故事是有价值的故事，已经不是需不需要讲，而是如何讲，如何讲得生动，令人享受。好的故事不是杜撰出来的，而是用心感受生活的结果。设计师应该研究客户的核心优势并将其深度挖掘出来，需要考量故事能不能打

---

[1]　于园园. 汉语食器词语的文化语义研究 [D]. 中国知网: www.cnki.net.

动人心，给人久违的能量。对客户的重新审视和对人心的洞察，是我们对消费者和甲方的尊重。讲述一个故事使产品有了生命，变得动人。当人被故事吸引时，物就不再冷冰冰，人对物就有了认同感。乔凡·诺尼的塑胶蛋杯（图 2-7）就在争取人们的认同，鲜艳可爱、拿着小汤匙的 Cico 每天坐在桌上，帽子里藏着盐，对你微笑。你可以先脱掉他的帽子，拿出盐撒一撒，再拿过他举在手里的汤匙——美好的早晨。还有这个作品（图 2-8）是不是似曾相识？像变魔术一样从帽子里拉起兔子的耳朵，牙签就会出来，相信很多人都有使用过的经验。这个作品已经跨越了单纯的作品，作为商品也非常成功。为了使用牙签，我们不再需要敲牙签筒，使用简单方便而且卫生，还有乐于使用的体验。形式服从于快乐。

图 2-7　乔凡·诺尼的塑胶蛋杯　　图 2-8　乔凡·诺尼的牙签盒

　　打破平衡，通过打破根深蒂固的既存概念，得到有趣的想法。ELECOM 的一款自带 USB 接收器的鼠标（图 2-9），每个鼠标配一个小动物的尾巴形状的无线接收器。本来一般应该隐藏起来的接收器现在尝试打破平衡，不再隐藏平常隐藏的东西，但把无趣的鼠标变得有趣，使用时好像电脑里藏了个小动物。

图 2-9　ELECOM 自带 USB 接收器的鼠标

通过打破物体的主次部分的平衡感，也能得到新的创意，甚至发展出新的功能。如图 2-10 所示，我们可以看到构成酒杯的几个部分——底座、手柄、杯身，通过改变各部件的尺寸比例，呈现出新的关系，新的功能。细长的香槟杯、胖肚的葡萄酒杯、浅浅的斜杯身的鸡尾酒杯、小容量的高度酒杯。

图 2-10　各类酒杯

4. 食得其蕴　各自逻辑

餐桌就像一个小世界，从筷子和刀叉便可以看出东西之别。按部就班分工合作的是刀叉，独当一面、万能实用的是筷子。毕竟物是人造的，造物时不知不觉会融入民族性在其中。筷子方头圆身寓意天圆地方、天长地久，虽然看上去简单，但巧妙地利用杠杆原理，功能灵活，适应力超强。可夹可挑可叉，几乎可以应对所有的主食和菜肴。据说人们用筷子吃饭需要动用 50 块肌肉和 30 多个关节配合才能完成，所以，中国的小孩子和外国成年人要熟练地使用筷子，必须要经过一段时间的学习。难怪有研究说，中国人的聪慧与筷子的使用有着密切关系。一言以蔽之，筷子的文化可谓深，逻辑可谓丰富，中国的饮食文化博大精深由此可见绝非一般。中国的筷子，除了具有餐具自身特点的功能外，还有另一种功能。在历史的长河中，历代的工匠智慧和创造性的劳动使筷子不断发展，让这原来仅有实用性的小玩意产生一种艺术美的魅力，从而赐予它新的生命。筷子也因此形成了用法的规则，执筷子既要方便、灵活，还要牢靠、雅观。看一个人持筷、用筷便可知他的出身教养、品格个性以及脾气涵养等。那些执筷原则，所谓"五指执筷"，"两定三动"，"指实掌虚"，"各司其职"，"外稳内松"，"曲中带柔、动中有韧"等，仿佛都是在讨论中国书法的执笔用笔，也像是论述中国艺术的某类特征。筷子比一切工具都使用得长久广泛。然而，它却一直是如此单纯，如此可亲，如此默默无闻地遵循着大道，以它那简单的元素、丰富的逻辑、广泛的观念包容以及永不停息的运动方式直接引领关怀着每一个人。这实际正是中国文化的基本特征与方式在设计上最成功与最本质的反映。这便是"筷子"的设计，一项找不出设计师，又不知多少人曾下过功夫的中国设计。

衣——审美的观察

长久以来，人们将艺术作为理解、把握和研究文化的路径之一，借由艺术表现来探寻艺术与文化之间的相关性。服饰艺术被视为文化的表征，来研究其背后的社会文化意义，可以避免就艺术而谈艺术的局限。如果我们考察分析服饰艺术，就会发现它是兼具实用、审美、象征等多重功能的载体。

服饰艺术的美具体怎么美、美在哪儿，分析之后把这些美的方面作为设计元素提取出来，经过合理化的归纳应用转变成其他日用消费品的设计。

美的外在表现形式可以从线条和形体、色彩、材料三个方面来考察[1]。

1. 立体造型和空间感带来的形体美

首先，形体即形状。物体由外部的面和线条组合而呈现的外表称之为形状。服饰的形体美主要由轮廓线和面构建成的立体造型体现。线条带来多重的视觉感受，富于变化。比如第二次世界大战期间女性服饰线条平直、军事化，造型以平肩为主，干练但乏味。第二次世界大战后，曲线风潮来临，肩线下滑、丰胸收腰、线条圆润，造型优雅。而空间感要由面搭建而成，丰富的线条利用折、叠、卷、翻、插等手法，辅之以剪、接、拼、嵌等技巧，形成打破平面的空间层次，由于光影、角度、线条轻重的不同而呈现出不同的空间样式。可见，在设计之初首先应该确定下来的就是线条风格、廓型的设计。然后延伸出多面的关系，形成立体空间感，使服饰具有生命力和生动感。

外观的审美性决定了服饰的表皮结构，而表皮结构需要立足于科学的内部结构：第一是要以人为本，毕竟服饰最终要穿在人的身上，所以首先要满足人体的基本需求，即合体性和舒适性。第二注意艺术性与科学性，裁剪与拼合直接影响到分割线的处理，是否在使用时可以贴合人体。服饰设计中的形体美具有

---

[1] 刘晓刚. 服装设计文案论 [D]. 上海：东华大学学报.

建筑空间感，线条和空间的关系可以作为设计元素的处理手段应用到日用消费品的设计中，例如确定风格后选用气质相符的线条完成对廓型的把控，利用面与面的相对位置完成空间的转换或者预留，同时考虑使用者的需求避免矛盾冲突，以塑造完美的产品形态。

2. 体现共性与个性的色彩

首先，服饰中的色彩设计是非常重要的一环，色彩的运用直接影响到服装风格和视觉认知。色彩的设计服务于服饰产品，而服饰最终是被人穿着，所以对色彩的考虑有共性的一面。

共性体现在实用性原则。经过长时间的生存发展的积淀，人形成本能的反应和认知。比如红色的正面联想是热情、火热、浓烈、如火如荼、华丽；负面联想是危险、浮躁、警告。而结合特定的条件时还有性感的语义。白色，正面联想是纯洁、干净、无菌、专业；负面的联想是单调、乏味、病态、恐怖；结合特定条件时有宗教感和地域联想。这些认知都基于人的认知经历的积淀，有一定范围的共性。如果合理运用，可以作为设计表达的一种语义手段。

前文谈到共性时提到"一定范围"这个词，这就涉及了共性中的象征性原则。一定的范围可以是指一定的地域范围、一定的群体范围、一定的时间范围。

以一定地域范围举例：虽然颜色的基本色为红、黄、蓝。人类对三种基本色的认识基本一致，因为人类赖以生存的大自然所呈现的颜色是一样的。不过，不同文化的人们对颜色的认识尽管有相似点，但他们对各种颜色的感觉可能不同，甚至截然相反，其原因是国家所处的地理位置、历史文化背景和风俗习惯不同。如前所述，西方英语国家对红色的文化蕴意与东方的中国文化蕴意截然不同。早在 20 世纪 50 年代，我国四川省某品牌商品，在其商标上有红旗，其出口销路受到严重影响。后来，商标进行了更改，其销路便骤然好转。在中国，白色有不吉祥的文化含义，因为"白"是与"红"相对的词，是丧事的代称，并象征反动。英语中的白色没有这种含义。在英国，白色在艺术中表示忠诚，在丧礼中表示希望。西方的婚纱是白色的，白色有纯洁、美好的含义。"黄"、"蓝"

与英语对应词"yellow"和"blue"的文化含义也颇有差异。黄色在我国象征尊贵、权力。我国过去的皇帝穿的衣服颜色是黄色。英语国家的人对黄色不会产生尊贵、权力的联想。蓝色在英语国家有忧郁的含义,如美国有"蓝色星期一"(blue Monday),指心情不好的星期一。"blue sky"在英语中意思是"没有价值",蓝色在中国人心中一般不会引起"忧郁"或"倒霉"的负面联想,相反倒是有"希望"或"纯净"的感觉。除此以外,日常生活中,我们认知上已经符号化的由白墙、白门、白器材、白大褂组成的医院色映像,由绿色主调组成的军队色映像都可能因为一定的群体共性特征暗示而影响我们的识别。

以一定的时间范围举例:每个时期都有不同的流行色,每一组流行色都有其灵感来源:热带雨林、碧空蓝天、大海、阳光、唐三彩……人眼在连续受某种(或几种)色彩刺激后就会产生生理上的视觉疲劳,心理上也会产生厌倦的情绪,为了恢复心理上的平衡,视觉就会谋求某种相应的色彩补充,这种视觉规律指示着流行色必须经常变化,所变化的色彩一般是向相对应的方向发展。大家分析消费者的心理与对颜色的喜好,并窥探消费者的内心,猜测在下一季度的政治、经济和社会形势下,消费者喜欢什么颜色,在充分讨论和分析的基础上,来决定下一季度的流行色。由此可见,消费者既是流行色的流又是源。专家所做的是归纳总结和分析,这种预测的流行色可使飘荡在生活与感觉中的流行色或印在纸上的流行色,为纺织服装企业提供信息,及时生产出人们喜欢的流行色纺织商品。从色彩的心理学来研究,当一些区别于以往的色彩出现时,就会给人以一种新鲜、时髦的感觉。

其次,色彩又必须立足于环境、对象等的差异性因素,所进行的色彩配置也不尽相同。通过色彩的个性化配置,可以呈现出更完美的视觉和心理效果。

不同的环境会影响色彩的展示效果,比如通过T台展示的服饰,将和生活中呈现出两种截然不同的效果。这就好比话剧舞台和电影镜头的差别,话剧舞台上比较用力和夸张的表情肢体在入微细致的电影镜头下必须内敛、细微起来。在T台上一切环境光和色乃至布置都是围绕服饰的特点进行的,力图呈现出服饰的最佳效果。生活场景中的环境自带一定的色彩和氛围,服饰要么吻合这种氛围要么营造差异感，最终给人留下不同的视觉和心理印象。因此，设计要适应当时的视觉条件才能更好地体现穿着者的个性和特点。生活场景中有宴会、休闲、运动、工作等不同场景的细分，设计必须符合不同场景的性质、动作的要求才会和谐。

在进行色彩配置时，与穿着对象结合，最能体现出色彩的个性化。注重服饰色彩与穿着者的体态、精神搭配。通过正确的选择，扬长避短，衬托自己。如肤色浅的人着粉色会显得水嫩，深色使人有视觉收缩感显得苗条。不同气质的人选择不同的色彩，长相气质可爱的较为适合嫩黄、粉色系色彩，安静优雅的人比较适合深色或棉麻黄等天然色系。

除了环境和对象，面料也是不能忽略的一个因素。同为黑色，不同的面料所展现的感觉存在差异。黑色丝绸冷艳高贵、黑色毛料柔和亲切、黑色棉麻轻松随性。那么在作色彩配置时，确定了主题、环境、对象后别忘记原料面料的选择，最终有个达到预期的呈现。

综上，"色彩是人类的原始本性"。人类生活离不开色彩，因此设计更离不开色彩。不同的色彩会引起人们不同的心理感受，并由此逐渐产生丰富的人文内涵。共性和个性有区别，却又殊途同归地相辅相成、相互促进。只有正确剖析两者各个位面的相互关系，才能更好地将二者结合发展[1]。

3. 事半功倍的面料

如果说款式是服饰设计的重要因素，那么款式的基础就是材料或者说面料了。面料包括了质地、纹样和色彩，能体现出服饰的主要特征。

服饰也是具有很明确的功能性的，不同的功能类型的服饰会选择不同的面料。运动装需要紧凑且有弹性，儿童服装需要安全亲肤，休闲服装需要柔软抗皱……面料也是琳琅满目的，设计师应该了解其内在性能、外观形象，做到扬长避短。服饰面料的使用还有很大成分在于面料的二次设计，也可称为面料的

---

[1] 金思含. 基于服装造型设计中色彩个性化表现研究 [D]. 中国知网: www.cnki.net.

再造，一般是在服饰设计之前或者设计过程中进行的。指设计师根据服装设计的需要，对现成的面料进行加工和改造，使之产生精致优雅的艺术魅力。面料的二次设计可以突破原面料固定的、平淡的状态，让人耳目一新。在第一届中国青年服装大赛上，吴海燕以一台充满东方文化精神的"鼎盛时代"的表演捧得"兄弟杯"金奖，国内设计师的最高殊荣莫过于此，其中大量的真丝手绘就是这一系列服装的最大亮点，服装面料的二次设计在其中体现得淋漓尽致。再如世界顶级的服装设计大师三宅一生，这位有服装界哲人美称的设计大师始终站在艺术与实用的交汇点上，运用面料的二次创造使他的作品简洁而丰富。三宅一生在褶皱面料运用上造诣很高，他总是细心揣摩面料的潜能，然而对其作造型变化，如著名的"一生褶"，就用面料体现了二次创意的无限魅力。

二次设计的手法包括加法原则、减法原则和叠加其他手法。加法原则包括刺绣、缀珠、扎结绳、褶裥、各类手缝的作用。丰富了织物的变化；减法原则包括镂空、烧洞、撕破、抽纱、磨损、腐蚀等，可以再造出既带有强烈的个人情感内涵，又独具美感和特色的材料。由这些面料制作的服装更具个性和神采。让面料产生艺术风格，更加符合设计的主题或意境。服装面料二次设计中的叠加其他手法包括印染、手绘、扎染、蜡染、数码喷绘以及从边缘或在对立的服装面料中寻找二次设计。

以上是通过面料的一些特殊的工艺手法使我们的面料从色泽、肌理和图案上获得了极其丰富的视觉感受，但是面料的二次设计的构思绝不是简单地利用工艺手段，更重要的是运用现代的造型观念和设计意图对主题的深化构思。研究面料的二次设计原则是：注意市场的流行动态，以市场接受为原则，讲究形式美感即二次设计中的重复、韵律、节奏、平衡、特异、体积感、运动感、对比和协调等规律的运用，让消费者和设计师在新的面料刺激下产生愉悦的感觉[1]。

[1] 周丽霞.折纸艺术的形式美感在女装设计中的应用研究 [DB].中国知网：www.cnki.net.

住——居住与存在

人类属于动物，这个词汇先入为主的含义，就是"动"。动物能行动，是动作的主体。大多数动物不固守一个巢穴，因为他们要游动。早期人类的大多数成员是游动而非定居。这是生存逻辑使然：早期人类打猎采摘，为了能保证食物的可持续获取，必然随季节和猎物的迁徙而不断迁徙。

既然游动是为了食物，当遇到食物资源异常丰富，且可以长久持续的地带就会作出定居的选择。而这样的地带是非常少的，所以定居是少见的。丰盈的大马哈鱼使爱斯基摩人成为"定居渔人"。稳定的食物来源和食物的持续性带来居住状态的变化，他们选择了定居，并且形成村落。最初的定居就这样依傍着食物和水源出现了。居住伴随着人类走过千万年的历史，从最早构木为巢、挖穴而居到现代化的别墅和高楼公寓，从西方的古典建筑到中国的四合院，可以排出一个不同住宅形式的无穷系列。随着社会的发展，住宅的功能越来越广泛，在现代社会，它已不仅仅是人们避风遮雨、繁衍后代的栖身之处，还是学习、娱乐、交往的重要场所，并进而发展成为工作、科研、生产的辅助场所。可以说，从最原始的人类庇护所和人类聚落，到现代化的住宅和住区，都是为满足人的需要而产生和发展的，都是由于人的活动而形成和演化的，都是人类某种行为选择的结果，而这里所说的人，又处于不断发展变化的社会与自然背景下，有着人类的自然和社会属性。因此研究居住及其发展问题必须从人的行为活动出发，从人—建筑—环境的角度来看待问题。通过考察人的居住行为、居住形态及其与社会和自然环境的关系，来阐释居住形态的发展。

从狭义上讲，居住行为是指人们的居住内容，人们对住宅的使用方法及其与社会生活和自然条件的关系，也可以说，是人们在互相交往中及自然条件的影响下对住宅的使用方式。

从广义来看，人类的居住行为、居住空间是与社会生产方式，社会聚合关系，婚姻、家庭形态等因素密切相关的。人类居住空间的发展和分化——从最原始的人类栖身场所，到现代社会的住区和城市，是与人类社会关系形态的发展和分化——社会劳动分工、阶级、氏族、宗族、家庭的出现是同步的和同构的。也就是说，人类居住空间形态是人类社会关系形态的物质体现[1]。

因此，从人的居住行为入手的研究主要体现在如下两个方面：

首先，居住行为集中体现了人与居住空间与环境的条件关系。人与居住空间与环境的关系一般指：居住空间与环境与人们的社会活动及社会环境（自然环境）、人们心理意识以及社会发展的关系。这些关系都交织在人的居住行为上，集中反映在人们的居住内容及对居住空间与环境的使用方式上。由此可见，人们的居住行为是人与居住空间与环境的关系网中的"结点"，而且是连接人与居住空间与环境的"中介"。另外，人的生理与社会活动的结构、功能，同居住空间与环境的结构功能之间的相互作用，都必须通过居住行为来感应、传递、反射和调整。因此，抓住了人们的居住行为，也就抓住了人与居住空间、环境的轨迹。

受中国古代"天人合一"思想的影响，中国传统民居的分布与形式也体现了与自然环境的和谐统一。中国北方地形开阔平坦，居民多分布在平原地区，聚落的规模一般比较大，呈团聚状。由于地域辽阔，不同地方的民居又有一些不同的特点。北方地区的东部属温带季风气候，西北部属温带大陆性气候，西部属高原山地气候[2]。

我们知道，北方地区民居的分布与气候区有着直接的关系。温带季风气候区在我国主要分布在华北和东北地区，这一气候区内降水集中于夏季，年降水量500毫米以上。因此有着冬季寒冷干燥，夏季温暖湿润，干湿和四季分明的特点。这一地区的民居数量较多，分布较密集，自新石器时代起的各个历史时期均被选为营都建国（建宅）之地，至今留下大量优秀的传统民居，且民居类型丰富。而四合院民居集中分布在这一气候区，是最为显著的特色，不仅有京冀型四合院、晋陕型四合院、满族四合院，还有窑洞四合院民居（图 2-11）。

---

[1] 闫凤英.居住行为理论研究 [DB].天津大学.中国知网：www.cnki.net.

[2] 张红环，陈丽华.中国传统空间的文化与环境 [J].安徽：安徽建筑.

京冀型四合院，平面布局呈方形，房屋相互独立，一般正房高度要高于其他房间，这样的空间布局有利于在寒冷的冬季正房获得更好的日照。部分院落中有抄手游廊串联各个房屋，这样便于雨天的活动。晋陕型四合院主要分布在陕西关中地区、山西西南部。该地区冬季寒风凛冽，且风沙较大，院落窄小可有效防风沙、冬季寒风；晋陕型四合院的院落更为狭长，在夏季大部分时间都处在阴影中，可以有效避免夏季强烈的太阳辐射，避免夏季西晒过烈，并有利夏季的自然通风。而窑居多选在向阳的坡面上，

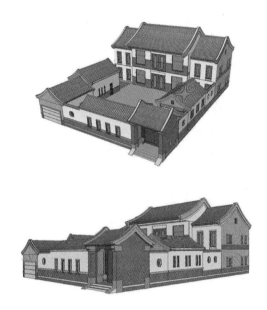

图 2-11 四合院民居

坐北朝南，充分接受太阳辐射，利用高原丰富的日照资源，解决室内冬季取暖问题，同时，窑洞选择具有较高热容的黄土作为围护材料，达到冬暖夏凉的效果。这里的民居侧面大多呈"人"字形的硬山起脊式屋顶，但坡度不太陡，墙壁和屋顶都比较厚实。起脊式屋顶使屋内具有巨大空间，与厚实的墙壁可以冬季保暖、夏季放热。虽然屋顶坡度不太陡，但毕竟北方的降水量远远小于南方。温带大陆性气候区在我国主要有西北地区。这一地区冬寒夏暖，气温年较差与日较差大，降水稀少且集中在夏季。这一地区主要有阿以旺民居、蒙古包民居。阿以旺民居适应干旱少雨的环境，其使用的生土材料也有着优越的保温隔热作用。该区有广阔的草原，而适应内陆游牧民族的蒙古包则主要分布在这一地区。与季风气候区相交的边缘也有少量的合院民居分布。高原山地气候是指受高度和山脉地形的影响所形成的一种地方气候，主要分布在喜马拉雅山、青藏高原。

这一地区气温随高度增高而降低，气候垂直变化显著降水少，冬半年风力强劲。故在此地区民居分布较少，只在其南端分布一定数量的碉楼民居，局部还有蒙古包和干阑式民居。大量的碉房民居能够适应这种极端的气候，是因为选用厚重的材料，简单的形体，紧凑简单的形体可以降低体形系数，减少建筑的外围结构的散热，达到高原保暖的效果。并且窗洞口尺寸小，窗台高度低，这样使得白天尽可能多地采光，有利于建筑的隔热保温，降低白天室内温度，保持夜间温度，适应寒冷的极端气候。

　　我国南方多地形复杂的丘陵和山区，地势起伏不平，河流较多，水网密度大，所以民居的分布相对分散，聚落的规模一般也比较小。房屋多依水而建，门、台阶、墙壁和过道均设在水旁。南方为我国的湿润地区，降水较多，夏季湿热，所以民居的形式多为设有天井的院落，墙壁、屋顶比较薄，有着宽敞的门廊和厅阁，便于通风隔热。屋顶的坡度比较陡，便于雨天及时排水，房屋出檐又很宽，可以为过往路人遮阳避雨，而且民居的色调也多以青蓝为主，与南方水乡天然融为一体，"人地和谐，天人合一"尽显其中（图2-12、图2-13）。

图2-12　南方水乡1

图 2-13　南方水乡 2

　　在南方不同地区的自然地理环境也存在着差异，因此，不同地区也有各种不同特色的民居。福建西南，地区的土楼是种特殊的民居，外形有方、有圆，酷似庞大的碉堡（图 2-14）。

图 2-14　福建土楼

福建境内以山地丘陵为主，地形复杂，在历史上，迁移到此地的汉族居民为了防御盗匪故建土楼而居。此外，该地靠近地震带，属于亚热带季风气候，暖热多雨，夯实坚固的土楼既能防震、防潮，又可隔热。

其次，从时空观来研究居住形态的演变发展规律，指出居住形态演变的本质就是以生产力、生产方式的发展为动力的居住聚合模式的演变，并提出了人们聚居的组织形式、聚居的空间组织形式发展的几个阶段及这些组织从低级到高级，从单一层次到多层次结构的发展趋势。可以得到这样一个结论：人类历史上每一次生产方式的变革都带来居住模式的变革，表现为社会聚合模式、居住聚合模式以及与之相符的社会制度、家庭制度等居住行为内容的变化，最后反映在居住空间形态——住宅、住区、城市的形式的发展上。

人类从起源开始，就有了生活的基本行为。《庄子·盗跖》中描述远古的生活是："古者禽兽多而人少，于是民皆巢居以避之，昼拾橡栗，暮栖木上"。说明远古时期人与自然的关系是"禽兽多而人少"，居于"巢"和"木"的目的是"避"禽兽的侵害，行的内容是"昼拾橡栗"以达到充饥和生存的目的。由此可见：居住行为是与人类的活动与生俱来的，人类的居住行为是与当时的生产力水平、社会关系、生活关系和生活水平密切相关的。原始人类极低的生存能力和社会生产力，其获取居住空间的手段无非是寻找、争夺或最基本的构筑行为。长江流域水网地区是我国远古时期文化发展相当早的地区之一。大约距今七千年左右，在长江下游一带，已有较发达的史前文化了。这可以从20世纪70年代发掘出来的浙江余姚河姆渡遗址中了解到。由于这一带河流、沼泽密布，地下水位很高；一般不能采用挖洞的办法来解决居住问题。处于这样的地理条件下，主要凭借树木构筑窝棚，这就是所谓"巢居"。这种居住方式既可以避免猛兽的侵害，也可以脱离潮湿的地面，主要取材于树木，因此在木结构技术方面，很早就取得了惊人的成就。而我国北方多穴居，这是由于我国北方一带（多指黄河流域）气候干燥、土层也较厚，所以当时人们便挖土为穴而居之。

直到人类历史上第一次社会大分工（原始农业从原始的渔业和畜牧业中分离出来），农业作为当时先进的生产方式，带来了先进的居住方式——定居，出现了原始的人类住区。随着第二次人类社会的大分工（商业、手工业从农业中分离出来），社会上出现了从事不同的生产以及不从事生产，只经营商品交换的商人，商业和手工业的聚集地就成了原始的城市。聚落是自发形成的、原生的人类聚居空间形态，是原生的居住空间与相关空间的组合模式。而城市是以自觉的规划为依据的，这就是二者的区别。考古资料证明，古代城市的起源最早是作为设有城墙等防御工事的居民聚居点而出现的。城市被定义为"一个相对永久性的、高度组织起来的人口集中的地方"，这个定义解释了城市在形式上和组织上的特点。人类的住区从此分化为城、乡两种聚居方式。

在城市化的过程中，伴随着这一过程所产生的社会生产方式、社会制度的改变，人的居住方式发生了另一个重要的变化，即居住的聚合关系模式发生了重要的改变：由原来农业社会的以血缘为主导的家族、宗族式的聚居模式，改变为工业社会的以社会分工为主导的社区聚和模式，形成了城市—社区—家庭的结构模式。住区＋人的活动＝社区。因此，社区不是一个地域概念，而是一个组织概念。社区是人类进行生活、文化及各种社会活动的基本单位，是构成社会结构的基本组成部分，是由人类所创造的社会价值规范与自然环境相结合的具体存在。

研究居住行为的宏观形态意义在于使我们从更高的角度，从本质上理解和反思我们的居住行为及我们的居住空间。

行——移动态度

　　行（出行、运输），交通，作为人们一种必需的生活方式而存在和发展。在此基础上的发明创造，既体现着自然的规律，也蕴含着人类设计思维中的奇思妙想。

1. 随技术的发展而改变的移动手段

　　从双脚到马、骡等作为乘坐工具或乘坐工具的动力（如：马车），与此同时，轿子和以风作为动力的帆船也作为一种交通工具与畜力交通工具长期并存。以人力、畜力和风力作为动力的交通工具占据了人类历史的绝大部分时间。交通的落后不仅给人们的行动造成种种不便，而且也制约了信息的交流与经济的发展。因此，一场机器化的交通工具革命从蒸汽机的出现开始了，人类交通工具的发展进入飞速发展阶段，短短数百年，人类不仅能上天（飞机、航天飞机、火箭），而且能入海（潜艇），技术也日新月异……交通工具的发展分为蒸汽阶段、内燃阶段、电气自动化阶段。

　　蒸汽阶段为英国产业革命时期，代表性的交通工具为蒸汽火车、蒸汽轮船等，现在已经基本淘汰。柴油机、汽油机等均为内燃机阶段的产物，交通工具体现为汽车、摩托车等，现在大部分的机动车辆的动力都是内燃机。电气自动化阶段中，电与磁之间的相互转化为电动车的发展奠定了理论基础，即电磁感应定律。电动机、发电机等均为这阶段的基础设备。电动车的发明及迅速的商品化使得电动车站在了汽车、摩托车等现有交通工具的肩膀上，造就了电动车无与伦比的历史使命，并最终成为上述产品的升级换代产品是历史的必然。当代是已提出了社会、建设、地球要可持续发展的时代，是由 20 世纪的机械化、电气化向 21 世纪的信息化、智能化变迁的时代。"交通现代化"也就随着从 20 世纪时代的高资源、高消耗、高劳力、引起高污染的交通设施土建工程向低资源、低消耗、低劳力、低污染而且是高效率的信息化、智能化设施发展。

2. 随生活观念的更新而改变的移动方式

交通方式的选择组合成一种更深层次上的生活与工作概念。当人们快捷、安全、舒适、合理的交通需求冲击着交通工具的生产工具、材料乃至设计风格时，更新的不仅是新生的功能载体，而且是观念、评价、标准、方式、信息……整个系统在整合。科技发展带来了移动方法的变化，但是方式的改变来源于观念的变化。

从"可持续发展"的要求出发，除正在进行的降低汽车污染措施和低污染新能源的研究外，现在正在实施并将不断发展的措施就是按"交通需求管理"理念发展低污染、大容量、高速度的人们从汽车全程出行方式改用小汽车换乘轨道交通的出行方式，以减少道路上的小汽车交通量，缓解道路交通的阻塞程度，降低小汽车对环境的污染。为提高吸引换乘的效率，演化出提高换乘服务水平的停车方便、换乘便捷、舒适的室内各交通方式间的"换乘系统"；配合着又发展出"交通需求管理型"的停车政策与停车系统的规划布局方法；同时还用各种优先措施提高常规公交的服务水平等。此外，有些城市还兴建了"平面电梯"，开发了按需实时供应上门服务的小公共汽车或叫"集约出租车"的种种集约化的交通方式。为了实现社会"可持续发展"的要求，人们正千方百计降低汽车对环境的污染，减少道路上小汽车交通量，按"交通需求管理"的理念，想出各种"现代化"的方法，使个体交通尽可能集约化。

交通，历来就是个体行动，是绝对无序的。大量无序交通争夺有限的道路资源，是造成道路交通问题的主要根源。信息化、智能化交通系统，通过提供交通信息服务，对各类出行与交通提供包括出行时间、出行方式选择、出行最佳路线等信息服务，把原本无序的出行与交通引导成有序的出行与交通，科学地出行、理性地使用道路，且使交通均衡地散布在道路网络的全部时空资源内，充分发挥其原本就具备的交通效用。这就是信息化、智能化交通系统能够有效整治交通的基本机理——使无序交通有序化。因此，当近代"交通现代化"的概貌，可以概括为：交通集约化、交通有序化。其技术基础就是发展适用于各种不同环境的集约型交通工具与配有高标准换乘系统的交通方式，以及开发信息化、智能化交通。

3. 随聚合模式更替而改变的移动结构

我国北京、上海、深圳等特大城市，都提出了多中心的城市发展策略，希望通过新城建设，在市域范围内构建多中心城市结构，来缓解单中心导致的"大城市病"。尽管几乎所有的新城建设之初的理想都是实现居住和就业的平衡，但从实证研究来看，新城建设一般存在三种可能的发展前景：与城市主中心相对独立的新城，实现居住与就业在新城内部平衡；与主中心融合的新城，实现居住与就业在全市范围内平衡；主中心的卧城，主要承担居住功能。这会有一个渐进的发展过程，会经历"低可达性独立"、"高可达性融合"、"高可达性相对独立"三个阶段。

从发展历程来看，"低可达性独立"是新城建设的初始阶段。由于与城市主中心交通联系不便，新城内人口和岗位密度较低，居住和就业基本平衡，以内部通勤出行为主。

"高可达性融合"是新城建设的发展阶段，将持续较长的时间，随着轨道、干线道路的建设，新城与市中心的交通联系显著改善，新城原有的居住和就业平衡被打破，人口逐步从中心城区转移，随后商业、服务业逐步聚集，但就业岗位落后于人口和商业服务业的转移，仍然集中在中心城，导致核心通勤成为新区的重要交通流，此时城市基本呈现单中心（或强中心）的空间形态。

"高可达性相对独立"是新城建设的理想阶段，具有一定规模且与主中心时空距离较远的新城有可能发展到这一阶段。随着城市经济的持续发展，中心城区地价不断提升，发展潜力基本饱和，中低端的就业岗位逐步转移至新城聚集，人口和就业开始在新城内部重新平衡，内部通勤重新成为新城的主要交通流，此时城市基本实现多中心的空间形态。

新城独立性的不同发展阶段决定了交通系统的不同配置，是加强新城与城市市中心之间的向心交通流，还是侧重新城内部以及新城与周边片区的切线交通流。新城交通系统的构建必须使用弹性的发展策略，既不能放弃多中心的理想，同时也要适应强中心的现实。在强中心阶段，为吸引中心城区高素质人口、高层次产业向新城转移，并满足新城向心通勤流，需要大力建设连接新城和城市中心区的城市轨道快线，通过重大交通基建提高新城可达性；为引导多中心形成，新城内部引入有轨电车、BRT 等弹性中运量公共交通，短期呈切线分布，连接新城中心与周边片区，引导次中心发展。远期为应对可能出现的强中心不断加剧的局面，可以用较少的工程代价灵活调整为向心分布，连接新城中心至城市中心区，作为城市轨道快线的补充。

　　同时，在新城内部沿轨道和中运量站点进行 TOD 开发，通过高密度混合开发引导通勤出行使用公共交通工具，实现居住和就业岗位沿轨道轴线平衡，构建舒适宜人的慢行交通环境，引导新区内部出行使用绿色交通工具，通过城市环境的营造，争取提高新城的独立性。

第三章　技术变革——技术驱动设计

信息——沟通与体验

信息技术经历了语言的使用、文字的创造、印刷的发明、电报电话及大众媒体的发明应用和信息技术革命这五个阶段，其中第五次信息技术革命始于20世纪60年代，以电子计算机的普及应用及计算机与现代通信技术的有机结合为标志。

信息技术有一些共同的发展趋势，如高速大容量、综合集成、网络化。随着互联网的发展，人类将全面进入信息时代，信息产业无疑将成为未来全球经济中最宏大、最具活力的产业。信息将成为知识经济社会中最重要的资源和竞争要素，信息技术给设计带来巨大的变化，也带动了用户体验研究的发展。

1. 社交网络与产品设计

互联网的发展趋势可以简单概括为"五化"[1]，即社交化、移动化、本地化、即时化和智能化。未来的世界将通过互联网的五化促进互联网进入新融合阶段，它从单纯的信息上网和链接，逐渐进入人的链接、时间链接、物的链接上面。

社会化的结合得益于社交网站的兴起，比如国外知名的社交网站包括Facebook、twitter、What'sapp、youtube、Instagram等，国内知名的社交网站和手机应用包括微信、QQ、新浪微博、豆瓣、百度贴吧等。社交化的网站为用户提供了基于各自群体特征而聚集的社区，来自各地陌生的用户可以出于兴趣结成各种社区和兴趣小组，分享信息、获得关注、互相点赞。当社交成为一股强大的力量左右人们的生活时，各种新兴的手机App也加入了社交属性，比如购物类、运动类、学习外语类、各种兴趣类、医疗类等，社交属性成为激发用户分享和参与的重要组成部分。通过使用各类社交网站，慢慢形成了消费者分享信息的习惯，相互推荐和社群互动的习惯，当这些都成为生活中的一部分时，

---

[1] 黄亮新.互联网五化的演进与无处不在的智能化.http：//www.sootoo.com/content/185424.shtml.

传统产品的设计也将加入网络社交的大趋势中。

社会计算[1]成为一种驱动人类行为改变的设计要素。社会计算是指社会行为和计算系统交叉融合而成的一个研究领域，研究的是如何利用计算系统帮助人们进行沟通与协作，如何利用计算技术研究社会运行的规律与发展趋势。国内有学者将其定义为：面向社会活动、社会过程、社会结构、社会组织和社会功能的计算理论和方法。社会计算被广泛应用于社交网络服务、群体智慧、社会网络分析、内容计算和人工社会中。

人类的未来场景是一个网络链接极强的社会，人类通过各种网络最终与其他人和其他物体建立了联系，即万物互联网。人的性别、年龄、收入等基本信息和每天的吃喝住行娱乐等行为产生了海量的数据，通过大数据分析，让生活中的产品能够预测每个人的使用习惯、购物习惯、文化偏好、经常联系的社群和朋友关系等，这些信息一旦与商家的服务链接起来，就会通过技术手段为不同的人量身定制私人服务。社交化和物联网的智能化将成为改造人类生活的重要因素，也将改变人们对产品使用的用户体验。

2. 用户体验，新的设计视角

物联网的蓬勃发展造就了一大批智能产品，在第一波物联网浪潮之后，企业思考并意识到科技发展的步调应该与人们能够接受的文化、行为变化适配，这种思考下的步调适配对于新产品的成功至关重要。所以当开始构建面向消费互联的新功能产品时，我们可以再次反思，看看能否为我们的"新"设计带来人们实际已然认知、熟识的行为—事—场景。

信息技术的发展使产品与人有了深层次的互动，也因此产生了交互体验。根据诺曼的情感设计原则，他把用户体验分为"感知层、行为层和反思层"三类，按照这三个层次把用户体验分为以下三种：①感知体验：通过产品的外在视觉感受和图像、声音、文字等内容呈现带给用户视听上的体验，强调悦目性和易识

---

[1] （美）唐磊 等.社会计算:社区发现和社会媒体挖掘[M].文益民，闭应洲译.机械工业出版社.2013.

别性；②行为交互体验：当用户使用产品时，通过界面浏览，交互过程中的输入、输出，信息互动中的层次架构和决策等过程给用户产生的产品是否好用和是否容易理解的感受；③情感体验：画出用户情绪地图，可以观察到用户在使用产品进行交互时每一个节点上的情绪和情感反应，情感反应高的节点是用户的正向体验，情感反应低的节点是需要设计改进的部分。当整个体验过程处于高情绪水平的状态，就是好的用户体验。

我们一般以用户与产品交互过程中的情绪变化作为用户体验的评价依据。在用户与产品交互的情绪地图上，每个节点称之为瞬间情景体验，而整体情绪地图的曲线走势也就是用户对交互系统的总体态度，就是其长期的体验。影响瞬间用户体验的因素包括交互的信息内容和交互的易用性等，在复杂的产品交互设计中，每个瞬间体验又组成了用户对产品的长期体验感受。例如在银行存取款和转账的自动柜员机上，用户情绪一直处于警惕和紧张的状态，这时情绪的波动则是评价用户体验的一种有效方式，可以通过交互设计改善用户的紧张状态。

用户体验可以被分为独立的用户体验与全局用户体验。独立的用户体验只关心具体的某个操作或者某件产品，局部用户体验会影响到全局用户体验。全局的用户体验则被泛化为像空气一样包容用户方方面面使用感受的总体评价。影响全局用户体验的因素还有很多，如：品牌、价格、感知质量、朋友的意见、媒体的报道、广告传播等。因此全局用户体验并不是独立用户体验的简单相加，而是用户对从产品到服务的整体感知过程的体验。由图3-1可知，用户体验和产品创新设计的关系，好的用户体验是以信息技术为核心，融合工业设计和艺术设计，借鉴心理学原理和其他学科的知识，综合呈现于用户的完美结构。

根据阿尔托大学的研究，他们对用户体验的概念和评价方法做了较详细的说明。首先，用户体验是人机交互、设计、经济市场和心理学的交叉学科。HCI的研究要素包括可用性、背景、效用、需求、用户界面；市场经济的研究要素包括价格、品牌形象、超出预期、用户愉悦感；心理学（社交、认知和行为）研究要素包括情感、情感绑定、行为、意义、共同体验；设计研究的要素包括：美学、

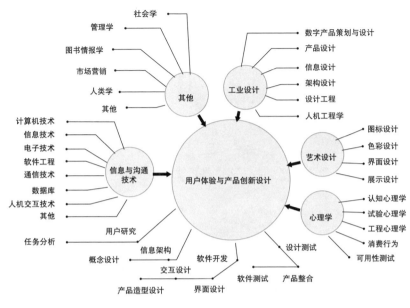

图 3-1　用户体验相关知识框架

趣味性、愉悦性、新奇性和信任感等。所有这些因素的综合可以称之为用户体验。

　　其二是研究可用性和用户体验的关系（图 3-2）。可用性注重高效性、有效性和满意度的研究，而用户体验关注的除了有效性和满意度之外，还包括愉悦、信任、自豪、快乐、趣味等心理层面的要素。两者有部分重合，但是在研究范围上用户体验的内容更为丰富。单纯测量有效性和高效性并不能体现用户对产品的体验。

　　其三是思考"以用户体验驱动设计"的方法（图 3-3）。产品设计从功能性设计向情感化设计转变。情感化设计包含了刺激物、意义、美学、评价这几个内容。用户体验分为不同层次的体验，其核心层次是产品的用户体验，由内而外依次为公司层次的用户体验（提供品牌差异性）和一般层次的用户体验（提供价值和新奇感），这三者都属于品牌承诺的范围。

图 3-2　用户体验（UX）和可用性（Usability）的关系

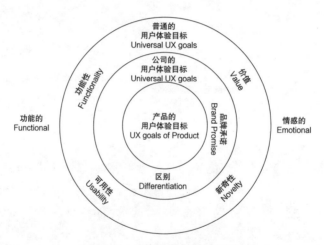

图 3-3　不同层级的 UX 元素

　　Sanders 在 1999 年提出"为了体验的设计"，Hassenzahl 在 2010 年提出了"在产品之前的体验"的概念，Desmet 和 Schifferstein 在 2011 年提出"体验驱动设计包含至少两个重要的挑战：首先要决定用户体验的目标是什么；其次要设计一些能够唤起某些体验的方案。"用户体验驱动设计也被称为体验设计或者以体验为中心的设计，指的主要是以体验作为设计的起点和主要对象的设计过程。

3. "用户体验驱动设计"的系统设计方法

用户体验研究的基本流程如下（图 3-4）：

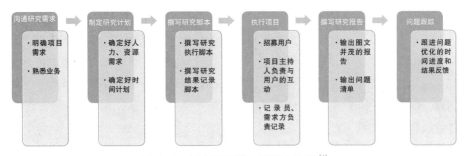

图 3-4　用户体验研究的基本流程 [1]

用户体验研究方法分为三类：用户研究方法、概念设计方法和原型设计与验证方法。其中用户研究方法经常用到的是焦点小组、问卷调研、现场观察、深度访谈、影子观察、主观统觉、影像日记、角色定义和视觉卡片等方法。概念设计通常用到卡片分类法、头脑风暴、角色扮演、竞品分析、日志分析和任务分析。原型设计与验证通常采用实验室测试、焦点测试、初声思维、启发式评估、眼动测试、原型测试、NEM、走查测试和评估等。在这些研究方法中，访谈法、焦点小组、卡片分类、日记法、人物角色是定性研究方法，而问卷调研和日志数据分析是定量研究方法。

（1）"PACT-P"系统设计方法

产品的信息交互系统是一个由互相作用、互相联系或互相依附的元素组成的整体。交互系统（Interactive Systems）是由人（People）、人的行为（Activity）、产品使用时的场景（Context）和产品中融合的技术（Technology）以及最终完成

[1]　付生廷 . 用户体验研究介绍 . 中国移动通信 .

的产品（Product）五个基本元素（简称 PACT-P[1]）组成的系统。产品交互设计实质上是对交互系统的设计，其设计过程首先围绕 PACT 四个基本元素展开，综合分析系统组成元素之间的关系，设计出组成元素和谐共处的产品（Product）。

○ 人，即用户（People）

人，是交互的主题，交互系统是为人服务的。理解和界定用户的不同，是交互设计开始的首要工作。对于一个产品的设计，通常将用户对象根据使用的频率分为主要用户、次要用户和三级用户，以合理地针对对象进行设计。与此同时，还应考虑和理解人的文化、语言和生物的发展和变化，如用户的色彩喜好、信仰、道德观、风土习俗等。

○ 行为（Activity）

行为是指人在使用产品时通过交互环境产生的动作行为和产品为此产生的反馈行为，及人、产品、环境三者之间产生的互动行为。在交互设计中，直觉设计是最能还原使用者本身的行为规律的设计方法，通过对用户必要动作和习惯动作的分析，在此基础上附加可用功能，是行为在设计影响中的极大体现。

○ 场景（Context）

在产品设计中，场景可以引用英文 Context 的含义，表示上下文的关系。它表示的是人与环境、人与产品、产品与环境之间的相互关系。

○ 技术（Technology）

技术在产品设计中的实现，是帮助设计师拓展思路的有效条件。

（2）产品交互设计的设计过程分析

产品交互设计的目的在于更好地实现人与产品之间的沟通，那么切实了解用户需要什么，是我们实现用户和产品真正和谐关系的必经之路。

○ 需求分析

①将目标用户转化为人物角色

例如，每一个购买笔记本电脑的消费者都有不同的侧重点，也就是购买动机：

---

[1] P=Personas，A=Activity，C=Contexts，T=Technology，P=Product.

王淼：游戏爱好者，关心三维动画的显示效果以及电脑的处理速度。

郝桦：设计师，职业需要较高的色彩显示和设计感强的外形。

刘琪：宅男，能长时间工作、使用。

②产品设计当事人的拓展

以上我们所提到的用户都是指产品投入市场后最终使用产品的对象。但在整个设计、生产、销售链上，有许多当事人都起着至关重要的作用。Jennifer Preece 认为：开发一个成功的产品同许许多多的人员息息相关，这些人员成为"当事人"。如：

产品用户、潜在用户；

产品开发团队组成人员；

项目经理和相关管理者；

合作伙伴；

产品测试人员；

营销人员；

客户服务人员；

产品维修人员；

相关领域专家等。

③情节分析

以文字记录、拍照、录音、录像等形式，记录用户在使用已有产品或者相关产品时的情景并进行整理，分析出待设计产品的所需内容。

○ 概念设计

通过使用者的需求分析，可以进行总结建立初步的概念模型。概念设计阶段可以借用一些已有的产品作为道具，用于特定问题的举例和启发思路。而一个概念的选择，也必须通过评估的方式进行分析。

○ 原型设计

在这个阶段，设计师主要是将经验证的产品概念形象化、具象化，形成 2D 或 3D 的设计方案。常用的手法有：手绘表现、2D 软件的产品渲染、3D 软件的产品渲染、模型制作等。

○ 基于原型设计的评估

○ 方案的实现

（3）案例："Tasavor 品味"分享系统概念设计（设计者—程相鸣,华东理工大学）

○设计背景：本设计是以 3D 打印为背景进行的消费类电子产品概念设计。当今社会越来越趋向于网络化，更多的网络交流用品被开发和使用，但与此同时，网络分享的单一性局限了其更加全面的发展。这款设计就是针对这一现象，将人的感官电子化进一步拓展，网上传递和分享的不仅只有视觉和听觉，同时还有味觉。这一设计是以网络信息交互为目的，同时在智能操作系统和操作界面上都尝试了新的途径。

○设计体验：这是一款味觉分享组合的设计，设计者希望通过本设计满足人们因距离或是其他因素而无法品尝美味所带来的味蕾遗憾。在购买这个分享组合的时候，不仅购买的是一组产品，而是世界各国的美食。产品的主要目标人群是乐享网络的微博控和贤妻良母型的家庭主妇。相信使用者在品味美食时，将味道收集起来，并通过网络和其他设备存储和共享，使更多人有机会将味道打印出来，是许多网络爱好者的最大愿望。

○设计实现过程

产品的前期准备：随着信息化时代的迅速发展，可以通过网络交流的内容变得更加丰富和真实化。人们不再安于在网络上浏览图片、视频，而是希望能够有更切身的感官体验，这也是体验经济带给我们的经验与希望。

与此同时，设计师和工程技术人员也在努力地设计和开发在新型生活方式下带给人多维体验的产品。那么，气味打印机和食物打印机就应运而生了。经过资料调研发现相关的研究资料：日本庆应大学（Keio University）的研究小组公布了一项新技术：他们通过对传统打印机进行改造更新，研制出了可以打印气味的打印机。打印气味不仅意味着人们可以看到更加"立体"的图书，在医疗领域等其他领域这项技术也可以得以推广，它的应用将十分广泛。康奈尔大学的研究小组正在研制"食物打印机"。3D 食物打印机的操作和普通打印机很像，只是后者用墨水，前者用的原料是液化食物。把液化的原材料放进容器，再设定食谱，剩下的事情3D食物打印机就可以独立完成了。你可以根据自己的口味对食谱做不同的调整，比如让饼干更加薄脆，或是让肉更加鲜嫩多汁。

○发现问题：

① 为什么在品尝到美食时不能将味道保存下来？

② 为什么不能跟朋友分享美味？

③ 为什么不能通过味道分析提高厨艺？

④ 为什么食品类的网上购物不能试尝？

关于问题的思考：

① 是否可以通过某种采集装置，将味道提取出来，方便保存和分享；

② 是否可以通过网络分享数字化的文件，和朋友共同品尝美味；

③ 是否可以将收集装置和另一种还原装置进行连接，将数字化文件还原为本来的美味；

④ 是否可以通过文件在计算机中的分析，提高自己的烹饪技术。

PACT-P 分析

○ PACT-P 分析之 Personas（图 3-5）

刘晓雨

年龄：24 职业：设计专业学生 个人及家庭状况：热恋 与父母同居

爱好：喜欢结交朋友、参加各种聚会

喜欢吃零食，到餐厅品尝美食，厨艺不精，但却非常努力地想要学习，馋嘴一族

马思闻

年龄：21 职业：体育专业学生 个人及家庭状况：单身 独居

爱好：喜欢运动、外出旅行

喜欢品尝不同地域风格的美食，厨艺普通，自己负责自己的饮食，驴友

刘燕静

年龄：35 职业：公司职员 个人及家庭状况：已婚 三口之家

爱好：喜欢窝在家里看电影，逛街

喜欢在家自己烹调，尝试不同的菜谱，厨艺良好，希望能精益求精，家庭主妇

图 3-5 PACT-P 分析之 Personas

○ PACT-P 分析之 Contexts

故事一：Lisa 在餐厅吃饭时把好吃的味道记录下来，通过味道打印机做出味道试纸，在厨房做菜时进行调味。

故事二：Amy 在某个国家吃到美味时，把记录的味道分享到社交网络，她的朋友 Jack 看到后被吸引，也去寻访这种味道的美食。

○ PACT-P 分析之 Technology

多点触摸（Multi-Touch）技术

○ PACT-P 系统分析

通过以上的交互设计分析，可以得出产品的 PACT-P 系统分析（图 3-6）：

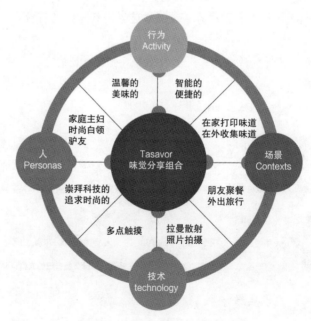

图 3-6　PACT-P 系统分析

交互流程与用户体验（图 3-7）：

图 3-7 产品实物模型展示

材料——感觉的边界

　　设计的进步伴随着技术的发展和材料的进步。人类最早使用的第一代材料是石器、骨器等天然材料，石器时代大约在距今二三百万年到距今6000～4000年左右。在旧石器时代，人们用敲击或碰击的方法使石头形成刃口，制作石器。到新石器时代，已经有了一整套切割石料、打磨、钻孔、雕刻等完整工序，石器制造技术有了很大进步。通过用水和沙子的打磨，石器被加工得更加细腻和平整。原始人的狩猎活动捕获大量野兽，骨制品成为重要的生产材料之一，用这些动物的骨、角、牙等做成的制品就是骨制品。骨制品的种类更加丰富：包括生活用具如骨篦子、骨纺锤、骨扣、骨针等，劳动工具如鱼钩、鱼叉、锥、钩、锄、斧等，狩猎工具如短剑、箭镞、鱼镖等，以及装饰用品如项链、串珠等都用骨材料制成。

　　第二代材料属于人工提炼加工的材料，包括陶、青铜和铁等。陶器的发明，把人类文明往前推进了一步，陶器制作材料丰富，造型可塑性强，适合制作各种生活用具和观赏器皿。世界各国都能找到陶制器具，当时的人们已经不满足于制作陶器的功能，而是开始探求对陶器材料的美学表现，他们用草绳、竹片等敲打陶器外壁，产生美丽的节奏图案，用矿石颜料在陶罐上画出美丽的装饰纹样，丰富了材料的情感表达。另一种人工材料是最早出现于距今约6000～5000年间的青铜器。青铜器是由青铜（红铜和锡的合金）制成的器具，中国的青铜器器型巨大，装饰华美，代表了殷商时期先进的文明和技术水平。青铜器在距今2000多年前逐渐被铁器所取代，铁器的出现极大地促进了人类的进步。春秋战国时代中国铁器的类型有农具、手工具、兵器及杂器，工具种类也开始细化，仅手工工具就有锯、斧、锛、凿、锤、锥、刮刀、削、钩、针等多种形制，这些细分工具也证明了当时手工艺者的专业化程度。铁器的硬度和锋利程度都比青铜性能好，因此，铁器的使用在军事和农耕上引发了一场技术革命，特别是铁器加工水平的进步促进了碑文雕刻，间接促进了文化的传承和发展。

第三代材料主要以高分子材料为主。自从远古时代以来，人们就一直在使用丝、毛、皮等天然高分子材料。后来随着技术的进步，出现了大量人造高分子合成材料。由于加入各种添加剂，使高分子材料产生透明、降解、记忆等各种性能，适合各领域的特殊需求。第四代高分子复合材料质量轻、自重小、强度高，其中表现突出的是碳纤维材料，碳纤维在汽车和飞行器上获得大量使用。由于具有良好的电绝缘性能，低的热导性能和良好的化学稳定性，高分子材料被用来做隔热材料和耐腐蚀容器。由于具有良好的耐磨、耐疲劳性，尼龙产品被广泛用于登山、捕鱼等户外产品中。设计师们在材料的化学特性外不断尝试其艺术效果的改善，最终把这种人造材料变成了丰富多样的情感表达载体，出现了大量由塑料制成的美丽产品。总之，高分子材料的广泛应用为人类社会作出巨大的贡献。

1. 由不同的视角看材料

从不同的角度认识材料，有些从历史出发，有些来自个人经验，有些强调材料的文化内涵，有些则强调科技的创造力。材料种类繁多，人们和材料的关系是如此独特，无论艺术家、设计师、家具师傅、珠宝匠人等，对所使用的材料都有属于自己的情感、体验和运用方式。

（1）具有历史感的材料

谷崎润一郎[1]认为"西方人要彻底清除污垢，东方人却要郑重地保存而美化之，这样不服输的说法，也许正是因为我们爱好人间的污垢、油烟、风雨斑驳的器皿，乃至想象中的那种色调和光泽，所以我们居住那样的房屋，使用那样的器皿，奇妙地感到心旷神怡。"西方人偏爱闪亮如新的产品，而东方人喜欢故意做旧体现出历史沧桑感的材料，这是两种不同的审美趣味。古旧的物品有一层包浆般润泽的色调,把各种颜色经过时光打磨变得融合协调而典雅。这么看来，东方人喜欢的东西都有一种蒙上历史尘埃的朦胧感，比如带有棉絮状半透明的

---

[1]　谷崎润一郎（Tanizaki Junichiro），日本近代小说家，唯美派文学主要代表人物之一．

玉石、表面被茶水浸泽过多年的紫砂壶、上面具有油润手泽的红木家具等。西方也有个别国家喜欢具有历史感的东西，比如荷兰人喜欢用开裂的旧木板做成家具桌柜，油漆斑驳，接口粗糙，看上去就像当年海盗船上的旧甲板，这也许让他们联想到自己祖先航海的光荣历史。

（2）激发个人经验的材料

谷崎润一郎在《阴翳礼赞》[1]中提到："我们对于西洋纸单作为日用品使用以外，没有任何感觉，可是一看到唐纸与和纸的肌纹，总有一种温情亲密之感，即会心情安适宁静。同样一种白色，西洋纸的白与奉纸、唐纸之白不同，西洋纸的表面虽有反光，奉纸与唐纸的表层却娇柔得似瑞雪初降，软苏苏地在吸取阳光，而且手感温软，折叠无声。这与我们的手接触绿树嫩叶一样，感到湿润与温宁，而我们一见闪闪发光的器物，心情就不大安宁了。"设计中的材料通过其颜色、质感、肌理和触感激发起每个人的个人体验，最后汇聚成群体记忆。深泽直人在"无意识设计"中提到用下意识的产品材质触感来触动人的记忆，激发起个人经验，从而将这种熟悉的感觉加诸于产品，引起对产品的喜爱。他举了个例子，把手机塑料外壳设计成多个切削棱面，触摸到手机壳就让人联想到小时候帮忙削土豆皮产生的触感，于是下意识的经验让人们不断抚摸产品，产生愉悦感。另外木材、皮革和棉麻等天然材料也容易唤起人们的身体感觉，用这些材料制成的产品有种天然的亲和感。一位日本女设计师曾经说她在设计家居的时候喜欢先从床上的一条亚麻床单开始，有了这个与皮肤接触最密切的伴侣，就基本确定了家的氛围和格调。设计师卡洛琳·弗洛蒙特观察到人们习惯在沙滩上铺上毛巾作为自己的休息区，于是把这种感觉移植到家具设计中，用装满了百万个聚酰胺微粒的靠垫来稳定地支撑人体，制成能够随时改变外观又能保持形状的马克西姆长椅，让人在室内得到休闲放松的度假体验。

（3）包含文化意义的材料

日本设计师黑川雅之先生一直试图用产品设计来诠释日本文化。他在《日本

[1]《阴翳礼赞》是日本作家谷崎润一郎创作的随笔集.

的八个审美意识》一书中提出了日本美学的几个关键词:微、并、气、间、秘、素、假、破。在设计上，他也在探索用各种材料表现出日式美学的特征，比如沉重的铸铁壶设计，外观方正粗犷，随着时间流逝而表现出锈迹，如同承载着沧桑的文化印迹，这种独特的魅力造就了器皿的朴素的美感。配上鲜艳的壶盖和雕琢精致的壶钮，体现出一种大雅之风。橡胶虽然算是人工制品，可是特殊的工艺可以让它变得非常柔软而有弹性。包裹了一层黑色橡胶的产品摸上去有点皮肤的触感，变得柔和亲切，而黑色又像影子一样荫翳朦胧，符合日式美学的"秘"之美。

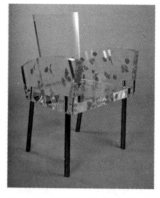

图3-8 希诺·库鲁马塔设计的"布兰奇小姐椅"

希诺·库鲁马塔以电影《欲望号街车》中布兰奇·迪布瓦的服装为灵感设计了布兰奇小姐椅（图3-8），这把椅子大部分是手工制作的，他尝试性地应用丙烯酸树脂的透明性，把仿制的玫瑰花瓣放进椅子中，远看如同花瓣在空中飘落，意境优美。

（4）体现科技感的材料

铝合金材质轻盈容易成型，多呈银灰色，带有亚光的铝合金十分现代，散发出一种令人惊奇的光泽。用铝合金制作的产品边缘锋利、形体轻巧，具有干净利落的现代美感。不锈钢极具光泽感，由于它有稳定的物理特性，经常被用来制作各种餐具，能抵抗多种腐蚀。表现现代感的"高技派"非常喜欢用不锈钢和玻璃材料的搭配。这两种材料都是简单光洁的，没有温度，显得冰冷不近人情，这也成为节奏明快的现代社会的缩影。

材料拥有意义，物质世界对心灵有潜移默化的影响。坐在舒服的沙发上和坐在木椅上给我们的情绪感受完全不同，这是因为对人类来说物质不只是实用品。人类从制造工具开始就开始发掘新的材料，这些材料的发明是为了文化与美感，而文化与美感始终是材料科学发展的强大推力。我们喜欢的材料和出现在我们身旁四周的物质都在讲述一个故事，让人们从中了解材料的理念和意义，并且找到最舒适的触摸体验。

2. 产品材料创新，技术与情感

（1）对传统材料的再开发

日本的设计师吉冈德仁（Tokujin Yoshioka）过去一直喜欢从单色的设计中找到突破口。他与来自意大利的家具品牌 MOROSO 合作，推出了一款名为 Paper Cloud 的座椅系列，以白色皱褶纸的概念为白色的家具带来丰富的层次感。Paper Cloud 除有单人、双人及三人座位的选择之外，还有一款独立的小凳子，由于整个系列的概念来自白色皱褶纸，因此作品的初版模型还真是以大量的皱褶纸制成，明暗阴影为白色的座椅带来丰富的层次感，加上厚实的外观设计，令作品产生如云朵般纯净无瑕的感觉。

在 2002 年米兰家具展上，当时展厅的地面上铺满了塑料雪花，当参观者们吱嘎吱嘎地走过时，吉冈德仁慢慢展开一卷厚厚的纸，大家驻足观望，最后惊叹地发现原来这是一张椅子，名为"蜂蜜流行"纸椅。虽然看起来很炫，但这张椅子其实采用了非常朴素的原料和制作方法，只是将 120 层玻璃纸用胶水粘在一起并进行精确剪裁，使之成为六角的蜂窝造型。这把椅子会随着使用者的体态和动作而改变造型，不同体重的人坐在椅子上会把椅子压成不同的形状。

（2）质感再造—给予材料不同的视觉触感

吉冈德仁认为，在创意中加入自然的运动在未来的设计中将会很重要，因此他非常重视在作品中体现自然之美，甚至还作为策展人策划过"第二自然"的展览，邀请其他同行一起探讨设计与自然的关系。他的另外几件作品也结合了大自然的力量，通过水晶凝结逐渐长出他想要的产品形态，质感透明梦幻。

用烘焙方式制作的面包椅（图 3-9）是一种对材料质感的大胆创新。这一设计灵感来源于"从自然纤维到人工纤维的材料变化"这一概念。因为很多细小的结构形成一个紧密组织结构，就获得更大的强度，能够支撑外在的重力，这一产品在舒适性和整体性上又一次突破了我们的想象力。

（3）组合再造 - 各种面料拼接再设计

废弃物通过材料组合也可以制造出美丽的产品。织物设计师路易莎·塞维斯平时的工作是设计有趣和高雅的手提包等用品，当她发现纺织公司的大量纺织

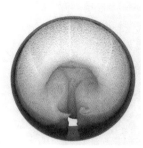

图 3-9 吉冈德仁设计的 "面包椅"

碎步被丢弃的时候，就激发出一个灵感，希望用这些纺织废料和碎料混合起来，研制出色彩绚丽又带有人工质感的新材料。最终的产品叫丝绸聚氨酯，它以塑料为基底保证了材料的耐久性、防水性和良好的构造，在纹理上展示出各种织物纹样和色彩变化，每一个产品都是独一无二的，具有手工业的个性。

（4）寻找能替代塑料的可回收材料

为了减少环境破坏，科学家一直在寻找能够替代塑料的新材料。这种属于可再生资源的液体木材来自一种纸浆的木质素。制造商把造纸厂的副产品—木质素与水混合，然后让混合物处在高热和高压的环境中，制造出这种强度高且无毒的可塑性复合材料。液体木材在视觉、触觉和性能方面就像塑料一样，但它们可生物降解，也可以作为木材回收。德国研究人员已经把它用于各种物品，包括玩具、高尔夫球托和高保真扬声器盒等，用以替代塑料制品。

用玉米、小麦和甘蔗等植物生产塑料也变成了可能。聚乳酸，或称 PLA，是另一种脂肪族聚酯，由乳酸制成，乳酸在玉米湿磨过程中通过淀粉发酵得到。提升了刚度的聚乳酸可代替聚苯乙烯和聚对苯二甲酸乙二醇酯，而且它在工业堆肥厂 47 天内分解，不会排放有毒气体。通常公司把淀粉和聚乳酸混合，来降低成本并提高其生物降解能力。目前科学家们正试图使聚乳酸强度更高，耐热性更好，以应用于从汽车零部件到咖啡杯等各类产品，为绿色塑料开发更多新的用途。

3. 材料驱动设计的研究方法

荷兰代尔夫特大学在一项研究中探索了材料驱动设计的方法，其具体步骤如下：第一步理解材料，第二步创造材料视觉体验，第三步显现材料体验模式，第四步设计材料／产品概念。

第一步，理解材料的技术和体验特性。在理解材料的技术特性中，设计者要问自己几个问题：什么是材料的主要技术特性（如强度、防火性等）？什么是材料的限制和机会？什么是形成材料的最方便生产的过程？有哪些其他生产过程？当材料用其他生产过程时，材料将如何表现？在理解材料的体验特性时，也要问如下一些问题：什么是材料的独特感知特性？对用户来说，什么是材料最让人喜欢和最不让人喜欢的感知特性？这个材料在美学特征上与哪些其他相关材料相似？人们怎样描述这一材料？它能唤起哪些意义？它能产生哪些独特的情感——如惊奇，爱，恨，恐惧，放松等？人们怎样与这一材料交互，表现出什么行为？为了方便这一思考过程，建议使用思维导图来概述这一研究结果。

第二步，创造材料的视觉体验。在材料视觉体验阶段需要思考如下问题：在最终应用时强调了材料的哪些独特的技术和体验特性？在什么背景下该材料可以表现出正向的差别？在独特背景下人们将怎样与材料进行交互？材料将有什么独特的贡献？材料将被怎样感知和解释（感知层和解释层）？它会从人的情感层面引出什么体验？（例如，它会有助于满足享乐的需要？）在行为层上它会让人做什么？在社会或地球的更广泛的背景下，材料将扮演什么角色？通过回答以上问题，你将搜集到各种回答，例如材料要表现出自然特性，材料要在感性上给人惊奇感，材料在行为上需要精致地使用等，设计者将据此建立材料的视觉体验。如果材料让用户意识到他们的消费模式，将让人们更加喜爱用回收废弃材料制作的产品。

研究者们经过对结果进行聚类和结构分析，以显示材料是如何相互补充或相互挑战的，以及材料是如何共同形成与背景相关的新颖独到的见解的。研究者确定了两个轴：水平轴代表个人的影响（即有意的还是冲动的），垂直轴则描述了用户和材料之间的关系（即有形的和无形的感情关系）。

第三步，显示材料体验模式（图 3-10、图 3-11）。

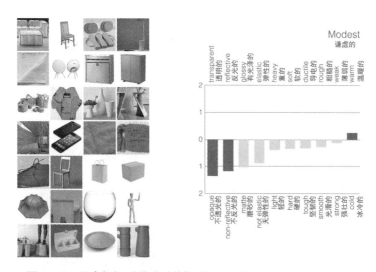

图 3-10 用户根据"谦逊质朴"的感官材料分级列出的材料合集

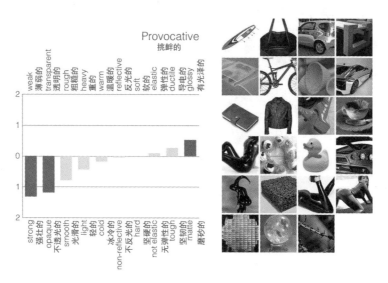

图 3-11 用户根据"挑衅"的感官材料分级列出的材料合集

　　第四步，创造材料/产品概念。设计者根据不同的应用场景，利用材料的核心创意，形成复合材料来探寻积极的组合，利用不同的树脂材料来作为材料融合的基础，通过调整材料的灵活度、透明度、粗糙度等达到在前几步中确定的美学质量。接着要求学生按照设定要求的材料概念，根据选中的实验材料样本进行产品设计，得到相关的材料创新设计（图 3-12）。

图 3-12　最后产品概念

　　以上案例解释了材料驱动设计的方法，在创新过程中对材料视觉和触觉体验的挖掘是进行创新的前提条件。

绿色——可持续发展

随着经济节奏日趋加快和工业化的不断深入，用户升级换代手机的周期已经缩短至 8 ~ 16 个月，而手机厂商为了竞争，推出功能更强大的智能手机也吸引用户以每年一部手机的频率更换。据统计，去年中国手机市场共出货 5.6 亿部手机，而目前我国旧手机回收率不足 2%。一部手机中，包含了铅、汞、镍、铍、镉、聚氯乙烯等十余种重金属和有毒物质，废旧手机被随意丢弃后，对空气、土壤、水源的质量造成严重影响。日益严重的环境污染正威胁着人类的生存，直接影响到人体健康。

设计在创造了大量新产品的同时也给地球带来了资源浪费和环境破坏，正是在这种背景下，设计师们开始重新思考工业设计师的职责和作用，绿色设计也应运而生。绿色设计（Green Design）是 20 世纪 80 年代末出现的一股国际设计潮流。绿色设计反映了人们对于现代科技文化所引起的环境及生态破坏的反思，同时也体现了设计师道德和社会责任心的回归。美国设计理论家维克多·帕帕纳克出版了一本专著《为真实的世界而设计》（Design for the real world），他认为设计的最大作用是一种适当的社会变革过程中的元素，他强调，设计应该认真考虑有限的地球资源的使用问题，并为保护地球的环境服务。

绿色设计（GreenDesign）也称生态设计（EcologicalDesign），在产品整个生命周期内，着重考虑产品环境属性并将其作为设计目标，兼顾环境保护和产品功能、使用寿命、质量等要求。绿色设计遵循"3R"原则，即 Reduce，Reuse，Recycle，意为减少环境污染、减小能源消耗，产品部件能够回收、材料能再生循环或者重被新利用。绿色设计以节约资源和保护环境为产品设计理念，强调人与自然的和谐共存，这一理念受到越来越多制造企业的重视。

1. 绿色设计核心要素

设计师要考虑在产品整个生命周期内，将绿色设计要素融入产品设计的各个环节中去。实现绿色设计的三个核心要素是二次利用、循环回收和节约资源。二次利用（Reuse）要求产品的部件和外包装能够被反复使用。在产品设计的过程中要遵循标准化和模块化的设计原则，标准模块在不同产品间通用能够节省资源，还可以方便对其进行回收再利用。例如组合家具的设计就是用少量标准件产生多种组合满足更多人的使用需求。循环回收（Recycle）要求产品在生命周期结束后能重新变成有用的资源，而不是成为需要废弃处理的垃圾。产品的材料可以用来产生同种类型的新产品或是将废物资源转化为其他产品的原料。节约资源（Reduce）要求从源头就注意节约资源和减少污染，用尽可能少的材料来完成同样功能的设计。

实现绿色设计，归结起来就是使新产品的整个生命周期做到上述三个原则。绿色设计强调尽量减少原料消耗，重视再生材料使用的原则对产品外观设计也产生了重大影响。如何在产品设计中运用绿色设计呢？经常用到的绿色设计方法如下（图3-13）：绿色材料设计、产品绿色结构设计、绿色能耗设计、绿色包装设计、绿色制造过程设计等，其中，层级越高的设计方法对环保的影响力越大。

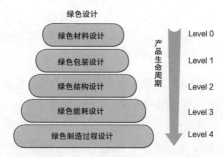

图 3-13　绿色设计的实施运用

2. 绿色材料设计，环保的智慧

绿色材料设计是指使用良好的环境兼容性的材料来实现产品功能。绿色材料要求具有可再生、可回收、环境污染小、能耗低的特性。

绿色材料有五个设计原则：

（1）尽量使用绿色环保性材料，避免选用有毒、有害和有辐射特性的材料。绿色材料设计主要凸显在环保材料的选材方面，多使用绿色环保、可回收利用的材料，避免选用有毒、有害和辐射特性的材料。例如在电子产品上使用可再生、易分解的竹制材料，代替 ABS 塑料外壳。

（2）简化产品设计的表面工艺。现在有些产品为了追求表面色彩和金属质感，对产品的表面采取采用电镀、喷漆等表面处理工艺，但是这些新工艺处理不利于材料回收，在制作过程中还会产生污水和气体污染。而通过对注塑模具采用镜面处理来实现塑胶品成型后的高亮外观，既美观又环保。

（3）用产品自身的废弃材料来制造包装。我们一般会花费大量的金钱和精力把天然材料转化为具有更耐用特性的材料，然后在使用之后，再次花费大量的金钱和精力将其送回自然循环，造成资源浪费。但在很多情况下，大自然经常给我们提供很好的替代合成材料的天然材料，如从制造到回收的过程中，利用加工阔叶的叶子余料转换成合适的包装材料，成为包装食品的好原料。它不但环保，而且使用户产生情感。如（图 3-14）这个包装用伊朗传统的葡萄叶做成，它的小食品包装也可以吃。

图 3-14　Roohollah Merrikhpour 和 Mohammad Rasoul Shokrani（伊朗）巧克力叶包装

（4）尽量使用单一的材料类型，这样可以减少回收过程中的材料分拣步骤。随着包装产品的二层或三层增长，包装废弃物已成为一个社会问题。因此，（图3-15）"纸盒时钟"尝试用废弃的包装盒制造简易时钟，实现了包装材料的二次利用，为社会节省了成本、资源和能源。纸盒时钟的另一个特点是用户可以根据自己的喜好或所需的功能来调整时钟本身。时钟由一个时钟盒单元和两个内容盒单元组成。内容基本上是用贴纸做的。用户可以通过贴贴纸完成盒子，也可以通过画图或附加图片来补充框架，用户可以通过各种块体的组合产生所需的时钟。

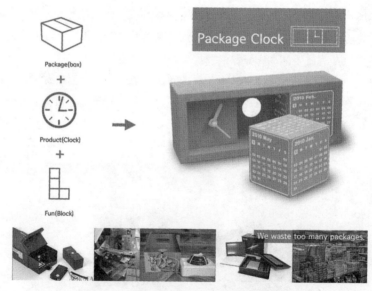

图 3-15　Soonho Youn（韩国）纸盒时钟

（5）材料要具有可回收性，易于再利用、回收、再制造或易于降解。对环境污染严重、比较典型的就是塑料，虽然它轻便、具有易成型性，但是它的自然降解过程非常缓慢，因为燃烧时会放出污染环境的有毒气体，也无法用燃烧法来处理废弃的塑料垃圾。人们开始减少使用塑料袋等塑料制品，或者改用加入易降解物质的塑料，如 **EPEAT** 塑胶材料，就能够进行次级再循环。三星手机尝试采用易降解的玉米粉制作的外壳来代替塑料手机壳，解决手机壳废弃后造成的环境污染。目前科学家们研究各种能够替代塑料特性的易降解材料，以供未来设计师使用。

3. 绿色结构设计，生命周期的延长

绿色结构设计直接关系到产品的使用寿命和可回收利用性，绿色结构设计主要考虑的是结构的易拆卸性与可回收性，在绿色设计中有重要的地位。绿色结构设计有三条原则：

（1）简洁小巧和标准化的结构设计。在对产品进行设计的过程中，简单小巧的结构设计可以减少用料消耗，节约资源。标准化的零部件还可以方便对其进行回收再利用。

（2）易拆卸回收的结构设计。易拆卸性降低工业产品的装配和拆卸成本，使得产品利于回收。其中包括：采用相容性材料。根据产品结构尽量采用能够一起回收的材料，以减少回收后拆卸分类的工作量。减少产品结构部件的数目，简化拆卸操作的方式，减少拆卸工作量，主体功能集成在主要部件上，要被拆除的部件要有显示提醒。减少产品上不同辅助材料的数量，要便于分类，对不同的材料应便于识别、易于分离。

（3）延长产品寿命的设计。产品在生产之初就要尽量使设计简洁,结构耐用，能满足将来相当长一段时间内的市场需求。除此之外，延长产品寿命的方法还包括利用模块化设计、开放性设计、可维修性设计、可重构性设计和技术预测等设计理论和方法，最大限度地减少产品废弃时间，延长产品的使用周期。模块化设计如果用在快速消费品上，则有可能转换产品用途（图3-16）。设计师把儿童饮料瓶设计成"Y"形，瓶身上面有同样的接口，让儿童在喝完饮料后把饮料瓶当成可拼接积木，延长其使用寿命。为了确保模块化设计中模块的互换性，应尽量保证接口的标准化。

4. 绿色能耗设计，能源再生

从产品的设计阶段开始对其使用造成的能源消耗问题给予足够的重视，可以减少产品给环境带来的负担。绿色能耗设计指通过合理的产品结构、功能、工艺或利用新技术、新理论使产品在使用过程中消耗能量最少、能量损失最少。

绿色能耗设计注意使用可再生的资源，如太阳能、风能等绿色能源，尽量减少有限资源的浪费。例如收集车行驶的能量，并用发电机把动能转换为电能，当休息的时候可以用这部分电能为便携的电子设备充电。这个设计完美地把绿色出行方式与节能环保联系起来，同时解决了生活中随时充电的小问题。人力发电是一种最低成本的方式，另一个案例是在摇椅上设置蓄电池，把摇椅摇动的能量转换为电能，提供阅读灯的照明，这一灵感符合人们使用产品的行为逻辑。产品的节能减排也是绿色能耗设计中的一个重要环节，其中包括减少产品能源消耗，减少电器待机时的能源浪费，减少有毒气体的排放等。例如特拉斯电动车用新能源代替了汽油，减少了环境污染。而家用产品中由于电器切断电源时，备用电源仍然消耗总耗电量的 10%，节能安全插座的设计（图 3-17）限制在水平插入插头时才允许供电，转到 45 度角是"保护和安全模式"。在使用完电器时，无需拔掉插头，只要插头旋转到左边关闭电源就能节省能源。这个设计除了节能之外，还能解决孩子意外触电事故的发生。据了解，90% 的触电事故都发生在好奇的小孩把东西插入插座的时候，而这

图 3-16　Y Water 儿童饮料瓶

图 3-17　Seong Jun Heo + Yong Han Kim（韩国）节能安全插座

个插座设计能够切断电源，保证儿童的安全。

5. 绿色设计流程及方法

设计师在概念设计阶段考虑产品生命周期的各个环节，包括设计、研制、生产、供货、使用、直到废弃后拆卸回收或处理处置，以确保满足产品的绿色属性要求。绿色设计体系采用并行设计思想（图3-18），用技术性能、环境性能、资源性能、能源性能、经济性能等指标对最终设计方案进行评估。

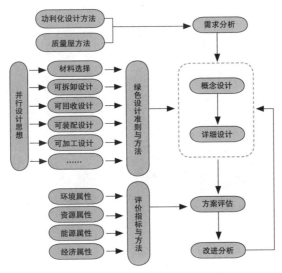

图 3-18　绿色设计方法体系[1]

绿色设计理念不仅在工业上对产品的设计制造产生影响，它也逐渐成为一种文化和生活方式，影响到人们的审美观和日常行为。成功的"绿色设计"的产品来自设计师对环境问题的高度意识，并在设计和开发过程中，运用设计师

[1] 刘志峰.绿色设计方法、应用及发展.合肥工业大学绿色设计与制造工程研究所.

的经验和知识产生创造性结晶。绿色设计体现在外观设计上，则是用更为简洁、经典、大方的产品造型样式使产品延长使用寿命，其发展趋势和语义表达有以下几种：首先使用天然的材料，以"未经加工的"形式在产品、建筑材料和织物中得到体现和运用。为了减少塑料袋的白色污染，利用能够重复使用的帆布购物袋是一种好选择，但是目前市场上很少提供让人优雅使用的环保购物袋。竹筒购物袋设计（图3-19）将购物袋卷起来收藏在竹筒中，使用时竹筒又可以作为把手减少手部受力。全部材料都可以重复使用，而且是天然可再生的，它是一个创新的充满人文情怀的设计。

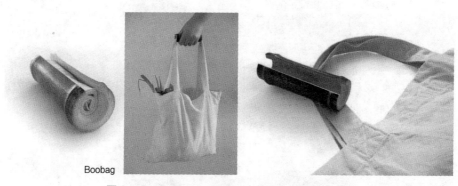

Boobag

图3-19　Sung-un Chang（美国）竹筒购物袋

其次，简洁风格的设计能使用户感到产品是可亲的、温暖的。在简单怀旧的形式中融入"高科技"因素，使产品能够节省能量和循环使用，成为具有绿色价值的单品。模块化设计通过组合变化可以增加设计的趣味性，避免因厌烦而替换的需求；加入智能模块的产品还能够升级、更新，尽可能地延长产品的使用寿命。产品与服务的非物质化也能减少材料浪费。在一个绿色设计项目中，设计师们研究怎样回收、利用空的矿泉水瓶，设计师给出了多种答案，有人给矿泉水瓶加个带壶嘴和把手的盖子，把它改造成洒水壶；有人把盖子改成削笔器，这样铅笔屑就收集到瓶子里，不会污染环境；有人把两个矿泉水瓶用一段空管连接起来，组成一个简易衣架。还有菲律宾的建筑师用大量废弃的矿泉水瓶建成了一座学校，他们把矿泉水瓶里面装上沙土，再整齐地垒起来形成整座墙面。这些设计思路都从各个角度解决了物品被废弃后如何循环使用的问题。

　　面对当前全球的环境污染、生态破坏、能源浪费、温室效应和资源殆尽，每个设计师都应感到生存的危机和设计的责任。绿色设计的理念和方法以节约资源和保护环境为宗旨，它强调保护自然生态，充分利用资源，以人为本，善待环境。"绿色设计"在现代化的今天，不仅是一句时髦的口号，而是切实关系到每一个人的切身利益的事。这对子孙后代，对整个人类社会的贡献和影响都将是不可估量的。

智能交互——精彩世界

凯文·凯利在《必然》[1] 一书中提到，今天我们生活中每一项显著变化的核心都是某种科技。科技是人类的催化剂。因为科技我们制造的所有东西都处在"形成"的过程中。每样东西都在成为别的东西。这场永无止境的变迁是现代社会的枢轴。在这个流动的世界里，产品将会变成服务和流程。当你到家时门自动为你开启，空调调到适宜的温度，电饭煲已经煮好了饭；当你想放松一下时，音响自动播放你喜爱的音乐，咖啡机为你泡出适合你口味的咖啡……这一切精彩生活都源于智能交互技术的发展。

1. 人机交互的发展，智能化进程

人机交互技术（Human-Computer Interaction Techniques）是指通过计算机输入、输出设备，以有效的方式实现人与计算机对话的技术。人机交互技术包括机器通过输出设备或显示设备给人提供大量有关信息及提示请示等，人通过输入设备给机器输入有关信息，回答问题及提示请示等。人有输入和输出感官，因此人类的自然交互方式可以分为两大类：一类是感觉通道交互，负责接受信息，主要有视觉、听觉、触觉、力觉、动觉、嗅觉、味觉等；另一类是效应通道交互，负责输出信息，主要有手、足、头及身体、语言、声音、眼神、表情等。从人机交互的发展趋势看，人机交互的延展以符合人自然习惯的方式进行。交互体验的基本要求是好学易用、准确高效、安全友好。

人机交互技术是计算机用户界面设计中的重要内容之一（表 3-1）。

---

[1] [美] 凯文·凯利 . 必然 [M]. 周峰，董理，金阳译 . 北京：电子工业出版社 . 2016.

人机交互技术发展的六个阶段 表 3-1

发展阶段		特点
1	命令语言用户界面 （Command language user interface）	命令行界面可以看作第一代人机界面，人只能通过操作键盘的方式进行输入交互
2	图形用户界面 （GUI, Graphics User Interface）	桌面隐喻、WIMP 技术、直接操纵和"所见即所得"，很大程度上依赖于菜单选择和交互；图形用户界面需要占用较多的屏幕空间，并且难以表达和支持非空间性的抽象信息的交互
3	直接操纵用户界面 （Direct Manipulation）	用户界面更多地借助物理的、空间的或形象的表示，而不是单纯的文字或数字的表示；在抽象的、复杂的应用中有局限性
4	多媒体用户界面 （Multimedia User Interface）	引入了动画、音频、视频等动态媒体，用户可以交替或者同时利用多个感觉通道；用户仍使用常规的输入设备（键盘、鼠标器和触摸屏）进行输入，即：输入仍是单通道
5	多通道用户界面 （Multimodal User Interface）	综合采用视线、语音、手势等新的交互通道、设备和交互技术，使用户以自然、并行、协作的方式进行人机对话，其主要的输入通道有：键盘、鼠标、语音和自然语言、手势、书写、眼动等
6	虚拟现实等交互方式 （Virtual Reality）	VR 和 AR 技术，全息投影技术、生物密码和信息识别技术等成为未来交互技术发展的新方向

　　21 世纪以后，人机交互技术向着高科技化、自然化、人性化的方向发展。具体来说，就是以鼠标和键盘为代表的 GUI 技术不再是主导，更加自然高效的交互方式是利用人的多种感觉和动作通道（如语音、手写、姿势、视线、表情等输入）与计算机环境进行交互。

　　触摸显示屏是目前最为普遍的交互介质，我们平常使用的智能手机、智能平板电脑、银行密码输入器和公共场所的自助查询系统等都采用触摸屏的交互方式。这一方式完全符合人的直觉操作，加上设计美观的图标，具有很强的识别性和亲和力。3D 显示器可以模仿 3D 电影的立体效果，索尼、松下等厂商都投入 3D 电视领域的研发，在家里观看 3D 电视将具有和影院一样的震撼视觉效果。视网膜显示器能够通过低强度激光或者发光二极管直接将影像投射到使用者的视网膜上，具有不遮挡视野的特点。例如车载平视显示器将重要的驾驶信息投射在汽车的前风挡玻璃上，让司机平视前方就可以同时看到信息，提高了安全性。

在可穿戴式计算机和沉浸式游戏中都会用到动作识别技术。Kinect 游戏机利用动作识别技术开发了大量体感游戏，用户在家里可以模拟划船、打球、舞蹈、赛车等动作，能够结合丰富的视觉画面进行游戏闯关，这项结合娱乐和身体运动的游戏成为一种颇受欢迎的家庭健身方式。动作识别中的手势识别也是一种新的交互方式，操作者放弃了按键或鼠标，通过摄像头识别手势动作来执行点击、调用、放大缩小等交互命令。MIT 的印度天才普纳·米斯崔（Parnav Mistry）发明的结合实体世界和虚拟世界的"第六感科技"就是让用户通过自然手势和可佩带的交互系统进行输入输出的概念产品。它不需要显示屏幕，可以把虚拟信息投影到任意平面上，使用非常方便、简单。

2. 智能交互设计的多领域应用

自动驾驶技术是未来智能汽车的一种构想，自动驾驶汽车需要考虑城市交通中的行人、拥挤的车辆和突发情况等多种复杂因素。早在 1925 年，一位来自美国陆军的电子工程师 Francis P. Houdina 为人类无人驾驶汽车的雏形提出了参考原型，他通过无线电波控制车辆的方向盘、离合器、制动器等部件制造了人类历史上第一辆"无人驾驶汽车"。

日益成熟的人工智能技术的发展促进了无人驾驶汽车的实际应用。今天，特斯拉（Tesla）和谷歌的自动驾驶汽车已经行驶在美国的道路上；苹果公司正在研发无人驾驶汽车系统；国内百度无人驾驶汽车也进行了无人上路实验。根据美国商业内幕（Business Insider）最新的报告估计，到 2020 年，自动驾驶汽车将被广泛运用。作为人类出行最为依赖的产品,当汽车的行驶完全由智能控制接手，人机交互方式就会产生巨大的变革。首先是人与车的交互，人类口头下达出行命令给汽车，再由汽车掌控人类行程表，像管家一样自动安排人的出行目的地，这一切交互中方向盘失去了意义，新的交互方式将出现，让交互更加流畅；其次，解放了双手的人类可以在车里进行办公、娱乐、休息、开会、学习……车内空间成为一个灵活变动的多功能场所；最后，汽车与道路环境也将成为一个交互系统，智能道路提供路况信息和周边大数据活动，汽车作为智能体也会不断接受各种道路信息、商业信息，甚至根据周围车的突发情况进行行驶路线调整。正如美国心理学家唐纳德·诺曼在《未来产品的设计》[1] 一书中所提到的，自然的交互设计是让人感觉不到其存在的，这就像骑马的体验，所谓老马识途，人只要发出某些关键指令，其他的就交给座驾去完成。

人机交互可以说是 VR 系统的核心，VR 系统中人机交互包括三个常用特点：观察点、导航、操作和临境。观察点（Viewpoint）是用户做观察的起点。导航（Navigation）是指用户改变观察点的能力。操作（Manipulation）是指用户对其周围对象起作用的能力。临境（Immersion）是指用户身临其境的感觉，这在 VR 系统中越来越重要。VR 系统中人机交互若要具备这些特点，就需要发展新的交互装置，其中包括三维空间定位装置、语言理解、视觉跟踪、头部跟踪和姿势识别等组成部分。

在游戏、博物馆展示场景和新零售实体店场景中 VR 技术的应用都可以发挥其巨大优势。例如在基于 VR 和 AR 的珠宝店新零售体验眼镜（图 3-20）设计中，消费者可以在门店选择任意珠宝款式模型，在 VR 场景中进行互动式观看，并且可以用手势交互方式放大画面，观察珠宝的品质，还可使用手势识别系统完成虚拟试戴。采用 VR 虚拟展示取代库存展示，可以为实体珠宝店节省数百万资金。AR 应用通过 RFID 技术触发展示相应的产品介绍，提供最准确的产品信息，减少门店所需导购员的数量，节约人力成本。同时通过 AR 增加产品的动态主题背景，让用户看到产品在浪漫的氛围下展示出的最佳效果，如为钻戒辅以海洋之星、粉红浪漫等主题，为产品增加了魅力。该产品的另一个优势是通过追踪眼球注视位置和识别瞳孔大小变化获得消费者的浏览记录和用户对商品的兴趣指标等有价值的数据，帮助销售人员了解消费者心理。销售人员可以根据数据实时分析结果进行有效介绍并达成最终销售。

---

[1]　唐纳德·诺曼．未来产品的设计 [M]．刘松涛译．北京：电子工业出版社．2009.

图 3-20　基于 VR/AR 的珠宝新零售（VARiS 公司设计）

　　除此之外，五感交互设计可以提供更多情绪化的用户体验。情绪香水能根据人的情绪变换香味，调节人的心情。英国设计师珍妮·提尔洛森博士提出一个"情绪香薰衣服"的概念，这种智能衣服能够模拟人体的血液循环系统、感官和体味腺的功能，会根据穿衣人情绪的变化，散发出不同的香味。它的布料里埋着各种香水，采用液体流控系统喷洒，根据不同的环境变换香味。埃因霍温理工大学学生设计出一款情侣可穿戴产品，在用智能材料设计的内衣里放置传感器，可以模拟爱人的抚摸触感，实现恋人的远距离沟通。由美国麻省理工学院媒体实验室研发，并由牛仔品牌利瓦伊斯（Levis）率先推出一款音乐外套，它不仅能播放音乐，还能把喜欢的音乐存储在芯片中，或者让穿着者收听自己喜爱的电台。外套的布料由丝质透明硬纱制成，音乐播放功能则由一个全布料电容键盘控制。人们只需轻轻一按，衣服就会开始播放音乐。音乐外套是一个环保的"音乐播放器"，它的能量来源主要依靠太阳能、风能、温度和物理能源等可持续能源。

3. 身体数据与智能交互的结合，造福未来

在健康领域，智能交互技术充分发挥了它的作用，产品采集用户的身体数据并服务于医疗健康领域。美国佐治亚州科技学院研发的心率呼吸检测服具备了实用的医学价值。美国 Sensatex 公司推出的一款运动 T 恤可以在穿衣人心脏病发作或虚脱时及时报警，从而降低突发性死亡的概率。这款智能服装把导电纤维与棉纤维交织在一起，从嵌入式传感器中接收数据，传输到一个置于腰间的信用卡大小的特别接收器当中。这个接收器可以存储信息，然后显示到移动电话、家庭个人电脑或手腕监视器上，用于监视穿衣人重要的生命特征，及时发出报警信号。另外 Sensatex 公司还计划在衣领里安装一个全球定位系统接收器的服装，儿童或老年性痴呆病人穿上后，如果不慎走失可以被轻易找到。还有一款供婴儿穿着的特制睡衣，在婴儿出现呼吸停顿等情况时会发出警报。

在运动领域，耐克公司与谷歌地图、苹果 iPhone 共同合作，推出了一款能够让使用者在谷歌地图上追踪自己"电子足迹"的运动鞋。耐克公司在运动鞋中插入传感器，让它与苹果公司的无线网络和 3G 网络无线联网，使用者能通过手机在网上下载到自己的训练情况，包括跑步的公里数、消耗的热量、步速等。使用者还能在跑步前，在谷歌地图上设定好路线，谷歌地图便立即显示出路名、路况等数据。

可以预见，在未来交互方式越来越隐蔽、人机关系从需要练习使用的操作关系，变为几乎无法感知其存在的自然交互方式，产品的智能化发展也让人们能够更好地管理自己的健康和运动，这一转变要依赖更多交互技术的发展，也为用户体验带来新的研究课题。智能交互迅速走进人们的生活。相信在不久的将来，智能交互技术与人工智能的结合将会完全融入人们的日常生活，为人们打开精彩世界的大门。

第四章 人文关怀——人性化设计

　　人文关怀，一般认为发端于西方的人文主义传统，其核心在于肯定人性和人的价值，要求人的个性解放和自由平等，尊重人的理性思考，关怀人的精神生活等。设计是为人服务的，在设计中，人文关怀是指尊重人的主体地位和个性差异，关心人丰富多样的个体需求。在设计领域中的人文关怀表现为以关心资源环境、关爱弱势群体等为内容，以设计作为解决问题的手段，目的是建立让不同人都感到被尊重、被关爱的社会。在人文关怀的设计中我们重点介绍以下几种类型：弱势人群的通用设计、人道的急难救助、少子化时代的儿童产品设计和老龄化时代的银色设计。

　　这章主要采用的设计方法是用户研究，它是以用户为中心的设计流程中的第一步。用户研究重点工作在于通过前期用户调查和情景实验等方法研究用户的痛点。用户研究的内容包括用户群特征分析、产品功能架构、用户任务模型和心理模型以及用户角色设定。

关怀——通用设计

通用设计（Universal Design）主要设计目的是面向所有人，设计让老弱无力的人和失能者都容易使用的产品、环境和服务。通用设计又称为共用性设计、普适设计、全民设计或是全方位设计。通用设计的思想认为人的能力是有限的，人们在不同环境下能够发挥的能力也不同。其次弱势者有自己的人格尊严，应该被平等对待。其三，通过考虑人的心理和生理局限性，设计可以提供一种对所有人都适用的解决方案。

对通用设计的倡导和发展开始于1950年代，当时在日本、欧洲及美国开始关注残障者的生活问题，"无障碍设计"（barrier-free design）就是解决身体障碍者在环境中遇到的各种问题的设计，如在台阶旁增加斜坡方便轮椅上下，在洗手池底部增加轮椅的容膝空间等。后来人们逐渐意识到，无障碍设计是适用于所有大众的，而不仅是为残疾人服务。好的无障碍设计具有四大要素：易读性、易操作性、简易性和包容性。1987年，美国设计师，罗纳德·梅斯（Ronald L.Mace）认为通用设计是让设计及生产的物品在最大的程度上被每个人使用。"通用设计"成为一种设计方向，在1990年中期，以朗·麦斯为首的设计师为其制订了七项原则。

1. 通用设计的原则，关爱弱势群体

影响设计使用的用户需求包括心理局限性，如记忆能力、犯错、情绪影响、认知错觉等，其生理局限包括身体力量、残疾部分缺陷、习惯性右手操作、特殊情况下行为不便等。为了解决以上用户需求，制定的七大通用设计原则如下：

原则一：公平地使用（Equitable Use）。产品的设计应该是可以让具有不同能力的所有人都公平使用的（The design is useful and marketable to people with diverse abilities）。要尽可能使用标准化的使用方式，比如键盘虽然不是效率最高的输入方式，但是制定标准化方便了全世界的人使用；尊重使用者的隐私权和安全感；能引起所有使用者的兴趣，避免隔离或歧视使用者。

原则二：灵活地使用（ Flexibility in Use）。设计要包容广大人群的喜好和能力。（The design accommodates a wide range of individual preferences and abilities）。设计要提供多种使用方式以供使用者选择。传统灯具设计一般限定在吊灯、壁灯、台灯、落地灯的范围内，每一种都预先固定了使用方式。而按照通用设计的原则，一款灯具可以兼顾各种使用场景，提供多种支撑方式供用户选择，灯具可以同时具备桌灯、吊灯、壁灯和落地灯的功能，使用更加方便灵活。

设计要适应不同用户的不同使用节奏，同时考虑左撇子和右撇子的使用，照顾到人的需求差异和多变的喜好。通用设计排除了设计中照顾右手使用者的倾向问题，考虑到左手使用者的习惯，让产品对称分布。特别是在刀具设计、把手设计、手持产品设计中，对右手便利的阻尼设计对左手用户就是一种不便，所以能够灵活使用的手持产品一般不设置阻尼，就如同日本厨师使用的传统菜刀刀柄，直线条的刀柄设计具有简练方便的特性。

设计要帮助用户更准确地使用产品。在增进用户的准确性和精确性的设计上包括视觉的准确性和动作的精简及判断的准确性。"Here I am"衣架（图 4-1）设计洞察了使用衣架不方便的一个小问题，通过衣架在闲置时挂放方式的不同，用不平衡的形体提醒注意，方便用户从挂着大量衣物的柜子中快速找到闲置的衣架，减少了翻找的麻烦。一个小的改动有效提高了使用的准确性和精确性。

原则三：简单而直觉的使用（ Simple and Intuitive Use）。无论用户的经验、知识、语言技能或当前的集中程度如何，该设计都要让用户在使用时容易理解（Use of the design is easy to understand, regardless of the user's experience, knowledge, language skills, or

图 4-1 Here I am 衣架

current concentration level）。简化设计细节，按照用户的期望和直觉来做设计，根据信息重要程度进行编排，考虑到不同读写和语言水平的使用者；在任务执行和完成的过程中提供有效的提示和反馈信息帮助用户认知。

一般认知习惯是化繁为简，由粗到细，由主到次，这种认知规律符合人们快速掌握信息的需要。在大城市交通错综复杂的环境下，好的导视系统起着疏导人流指引路线的重要作用。对查找交通地图的用户来说，太过复杂的交通系统图让人眼花缭乱难以找到重要信息，对设计师来讲，要满足不同用户的路线查找需求又要减少视觉复杂性，这是个矛盾的概念。而一位设计师把交通图设计成了路线分布卡片（图4-2），抽取其中一张可以看到清晰的单线路地图，查找更加方便；多层卡片重叠在一起显示出整体地铁线路全貌，满足不同用户的查找需要。这个设计以化整为零的方式巧妙地解决了这一矛盾命题。

另一个简单直观的信息设计的例子是步行道的标识地砖设计（图4-3）。它是一个目标导向的地砖，主要用来快速为行人指引目的地的方向和距离。它包含通用的符号和方向距离信息的设计模块，由于使用通用的图形标识，因此在使用上不受语言的限制，适合各国人的识别理解。步行道指引砖排列在城市人行道一侧，是一种系统化的路线引导

图4-2 可拆分式的地铁线路图

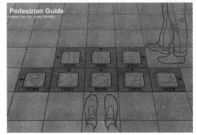

图4-3 指路地砖

方式。人们可以在砖上查询去任何地方的指引信息。通过片状地砖提供指引信息能够帮助行人快速找到目的地，也体现了城市的友好形象。地砖上的符号是在生产时压制成型的，比较美观耐用。符号模块包括餐饮、卫生间、取款机、医院、公交、咖啡店等八个常用目的地的图标，距离则印在图标下面，配以方向键头，信息简单易懂，让人一目了然。它把符号标识融入步行道地砖的功能中，也减少了城市中到处张贴的符号标识，减少城市的视觉污染。

原则四：感知信息（Perceptible Information）。无论周围处于何种环境或用户的感官能力有何区别，设计都可以有效地向用户传递必要的信息（The design communicates necessary information effectively to the user, regardless of ambient conditions or the user's sensory abilities）。设计要根据信息的重要性层级划分，从而选择适合的表达模式（图像的、语言的、触觉的），减少信息冗余度；通过对比来强化重要信息的可识读性，老人手机的设计思路是减少冗余信息，放大字体，便于操作和识别。设计要便于发出指示和指令，要符合感知能力障碍者的使用需求，盲文信息胶带的设计让盲人在胶带上按压凸点，制作盲文标签，再把胶带贴在物体上形成识别信息。

原则五：容错能力（Tolerance for Error）。设计应该减少误操作或意外动作所造成的负面结果（The design minimizes hazards and the adverse consequences of accidental or unintended actions）。在设计上，把最常用的元素放在最容易触及的地方；为防止误碰，要用可取消、隔离或加上保护装置的方法来设置危害性的元素，例如把药瓶盖设计成旋转到箭头对齐才能开启，就是防止儿童错误地开瓶取药的一种限制性设计。在进行错误或危险操作时能提供警示信息；减少需要人进行高度警觉操作的时间，让自动化与人力互相配合使用。

原则六：省力（Low Physical Effort）。设计应该尽可能让使用者省力、有效和舒适地使用（The design can be used efficiently and comfortably and with a minimum of fatigue.）。设计要让使用者用最方便的肢体动作和恰当的用力，尽量能够单手操作或用足部操作；减少重复动作的次数，减少持续性体力负荷。自清洁梳子的设计就是减少体力付出的设计，它通过单手操作能够方便用户去掉梳子上纠缠的头发。梳子的中间设计为夹层，梳齿可以在夹层中上下移动。使用时单手抓住梳柄，旋转塑胶把手，梳子齿移动到另一边，只要轻轻抖动梳子就可以把头发抖掉，非常容易清理干净。这个设计满足易用性、单手操作和减少重复次数等通用设计规则。

原则七：提供足够的人机尺寸，使用户能够靠近使用（Size and Space for Approach and Use）。设计能够提供适当的尺寸空间，让使用者能够靠近、拿取、操作，并且不被用户的身型、姿势或行动影响其使用（Appropriate size and space is provided for approach, reach, manipulation, and use regardless of user's body size, posture, or mobility）。设计的使用空间要符合人机工程学的测量尺度，人机尺寸在某个地域环境下具有一定的共性，比如厨房料理台离地面的高度和上层橱柜到料理台的高度在亚洲人群中都集中在一定范围内，但是不同国家和民族的人在身体尺寸和手部尺寸的测量上有明显差异。一般欧美人身高高于亚洲人，手臂和腿部比例较长，其手型也大于亚洲人，手指长，掌弓深，而亚洲人手型小手指短，手掌宽阔肥厚，掌弓扁平，所以给欧美人设计的鼠标一般中部凸起支撑掌心，鼠标按键到手腕的距离较远，亚洲人使用时会觉得手指够不到按键，掌心部分长期使用会感到压迫性疼痛。

2. 针对特殊群体的通用设计策略

信息识别、信息导引和限制性设计是经常用于通用设计的方法，特别是对身体有部分功能缺陷的特殊人群，设计的引导和识别方式就十分重要，也更有针对性。中国是全世界盲人最多的国家，约有500万盲人，占全世界盲人的18%。除此以外还有一部分人属于视觉障碍者，从视力不好到完全看不见，视觉障碍的范围很广。视力不好的症状包括视力模糊、朦胧、高度远视或近视、色盲和管状视野。在无障碍设计中针对视觉障碍用户的设计占很大比重，主要的设计方法是利用触觉（盲文触摸、盲杖探知）、味觉、听觉等其他感官弥补视觉的不足。

例如在解决盲人上下楼的安全问题时，设计师在每一段楼梯扶手上安装三个盲文指示金属牌，盲人在上下楼时能够通过触摸逐步感知到行走状态，提前做好准备,减少了盲人无目的摸索和意外碰撞概率。另一个案例是为使用盲杖的盲人群体解决寻找卫生间洗手池的问题。解决方案是通过在洗手池下的地砖上设计凹凸线纹理,让用户通过盲杖探知到周围地砖的变化,从而发现洗手池的位置。

3. 通用设计的方法及程序

通用设计一般遵循"发现问题—解决问题"的设计流程。由于针对的用户比较特殊,一类是针对大多数人的使用,另一类是针对特殊能力缺失者使用,因此在设计上产生了更多的限制条件。其具体设计过程如下:

(1)建立用户分类表。根据用户的能力水平建立用户分类表,填入所选择的通用设计对象,在表中整理出对于该类用户需要注意的设计要素信息,并表示出信息的重要性层级。

(2)建立通用设计矩阵。该矩阵纵轴为用户分类,横轴为设计事项和问题点,在每一栏中填入设计要素。在矩阵的横纵轴各个交叉点结合通用设计的要求事项和痛点填入信息,以便找到设计的切入点。

(3)通用设计展开。常规的产品设计过程采用问题分解策略,针对矩阵中的每一个设计要素分别思考设计解决方案,最后根据矩阵要素,形成几个综合设计方案。

(4)设计评价和用户反馈。包含设计过程中的评价、用户参与的评价以及产品投放市场之后的反馈意见。其中对设计的评价参照通用设计的七条设计原则进行。当然,以上通用设计的原则主要强调使用上的便利性,但对于设计实践而言,需要在综合属性之间作出平衡。以上原则提倡将一些能满足最多使用者要求的设计特征整合到设计中去,并非每个设计项目都须逐条满足上述所有要求。设计师在设计的过程中要综合考虑其他因素如经济性、工程可行性、文化、性别、环境等诸多因素,这是一个系统设计过程。

(5)通用设计的系统评价。核心评价方法以 3P(Product,Performance,Program)作为通用设计程度的评价系统。具体系统评价指标包括:安全性方面的评价、市场性方面的评价、操作性方面的评价、审美性方面的评价和环境性方面的评价。通用设计评价要根据一般用户或者特殊用户使用该产品后的实际情况来进行。

以下是一个视觉障碍者使用的泡茶杯设计（图 4-4），根据这一过程建立通用设计矩阵（表 4-1）如下：

通用设计矩阵　　　　　　　　　　　　　表 4-1

用户\流程	注水	放入茶包	定时	等待	提醒	喝茶	清洗
视觉障碍者	提示注水量和水位	茶包寻找	感知定时刻度	泡茶进程感知	通过听觉提醒	防烫茶叶隔离	方便清洗晾干
解决方案	通过触觉按钮；盲文提示	茶包形状用特殊标记；茶包放在固定位置	与茶杯一体式闹钟分体式闹钟	茶香味溢出，感知到茶叶的冲泡过程	闹铃；音乐个性化声音	茶包；隔离罩防烫感应	结构简单，整体化采用光洁材料

根据以上通用设计矩阵，综合产品使用各环节的问题，找到综合性能最好的几个设计方案进行评价和用户测试，根据通用设计的七条原则可知，这一设计主要采用了信息的直观简化、信息可传达性以及提供多种使用方式等原则。

  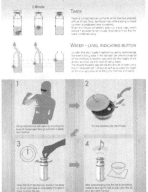

图 4-4　盲人泡茶时间提醒杯设计[1]（组图）

[1]　本节中案例图片来自"Design for all"国际设计大赛.

在系统评价上，建立五分制打分表进行评价，其中综合评价最高的将成为最终设计方案（表 4-2）。

设计方案评价 表 4-2

设计方案	安全性	市场性	操作性	审美性	环境性	总计
方案 1	★★★★☆	★★★☆☆	★★★★☆	★★★★☆	★★★☆☆	18
方案 2	……					
方案 3	……					

通用设计观念是一次设计思想的飞跃，让设计的视角从面向上层社会的高贵的设计转向普通人群，甚至是一些弱势群体，它所提倡的"设计为所有人服务，设计让人公平地使用产品"都在一定程度上打破了注重外观美感的设计潮流，主张把设计的安全易用性和人性的关怀放在更重要的位置上，从而促进了设计观念的转变。大规模提倡的无障碍设计也让我们的生存环境更加友好。

人道——急难救助设计

在生活中经常会听到很多有关灾害与救援的故事。2010年，上海静安区的一座高层居民楼发生重大火灾事故，致五十余人死亡，上百人受伤。事故发生时，住在高层的居民因为通道被烟火阻挡无法逃生，而消防队的高压水龙和升降梯是针对低层房屋设计的，无法达到十多层楼的高度，故无法展开救援。生活中，一些群众因突发紧急事件或意外事故，致使生活陷入困境甚至面临生存危机、心理危机。建立急难救助长效机制，就是要整合并灵活运用好现有的临时救助、医疗救助、住房救助、教育救助等多项社会救助制度，解决群众生活中可能遭遇的突发性、临时性、紧迫性困难，将社会救助安全网扩大，保障遭遇急难问题而陷入困境家庭的基本生活。

急难救助设计根据救助对象、救助内容的不同分为多个类别。世界上的灾害事件层出不穷，有的是天灾，如地震、海啸、森林大火等难于防范；有的是人祸，虽然可以做好防范措施，但是难以根除，如交通事故、游泳溺水、大楼火灾、交通踩踏、旅游遇险搜救、轮船海上遇难逃生等，因此急难救助设计与广大人民的生命安全息息相关。由于每种灾害的强度、持久性和灾难造成的损失情况不同，救助对象和范围具有多样性、复杂性和特殊性，因此需要针对不同的救援场景设计相应的产品。

1. 人道救援，关爱设计法则

自然灾害和人为灾难的特点是突发性和不可预见性。全球气候负面变化，环境受到污染，灾害频率不断增加，促使我们思考设计怎样能给灾民创造更好的灾后生活环境，在资源方面实现成本与效益的最佳配置，使灾民受益最多，加快重建家园的速度。

香港理工大学在灾后产品设计的研究中提出"CARE"关爱设计法则，其中提到设计质量要接口友好，成本低廉，感觉舒适。它提出四个核心词汇代表设计需要考虑的基本方向，即舒适（Comfortable），可及（Accessible），快速（Rapid），有效（Effective）。

"舒适"是让使用者满意和愉快。目前广大地区在灾后急救公共产品及设施上的投资仍旧不足，缺乏对受灾人群的需求研究，提供的救灾产品往往质量粗糙低劣，仅能满足最低水平的生存需要，产品功能上缺乏对身体因素、心理因素、社会因素和文化因素的考虑。尽管灾后条件艰苦、缺衣少食，但是这些低劣的设计给灾难地区带来更糟糕的环境，给灾民带来身体和心理上的不适。救灾产品应该适度保留作为人类最基本的尊严，完善的救助产品设计可以加快重建家园的速度，减轻灾民的痛苦，创造一个更和谐的灾后环境，提高设计的功能效力。"可及"是指救援产品必须尽量为所有使用者设计，让不同年龄、性别、活动能力、感官能力和认知能力的人都有同样的权利去使用。一些有特殊需要的使用者要为其提供特殊的辅助和援助；可及还意味着物资充足，尽量确保灾民普遍能够得到及时的支援和救助，以减少因资源不足而引发的混乱和冲突。"快速"、灾后抢救的时间非常关键，提供快速的救援和协助是一个关于生与死的问题，设计必须满足以下要求：容易和方便在当地生产、贮存（要达到一定贮存数量）、运输、分配、建造、制作、维护和置换。"有效"是指在达到目标和满足需要的同时，保证高质量、高效率、低成本。

总之，"CARE设计原则"是在救援中的一个全面的设计思考方向，在救援产品设计时需要一个好的预案，按照重要性或紧急程度的顺序建立优先排序，去处理灾后的物资需求。在正确的时间、用正确的方法达到正确的效果，用最低的成本、最少的资源损耗满足使用者真正的需求。

急难救助产品设计用5W2H方法（图4-5）对产品定位，从图中可以看到地震急救产品有很强的时效性，按照人体存活关键时段可分为1～10秒，10秒～3分钟，3～10分钟，30分钟～12小时，12～72小时，以及大于72小时。在这些关键时间段，如果能从外部提高产品的抗震耐用安全性，从内部提高用户的警戒性和自我保护安全知识，将会有效减少灾难带来的损失。

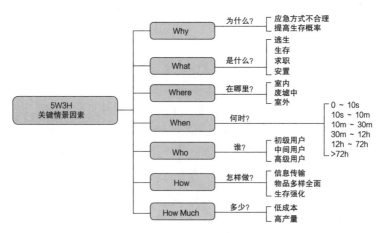

图 4-5 5W2H 关键情景分析

2. 灾前教育产品设计解析

根据对避震产品使用的经验来分，用户可分为初级用户、中级用户和高级用户三类（图 4-6）。灾前教育就是通过长期普及各类救灾知识和实践经验，不断把初级用户培训成高级用户的过程。

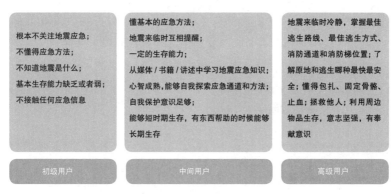

图 4-6 用户划分

在灾害多发的日本，由于抗灾教育和产品非常完善，民众能够更平静地对待灾后生活。在日本，家家户户一般都有一个避难工具"防震袋"，里面放着诸如手电筒，安全帽、干粮和装水的袋子等，袋子里的食物可以用 3～6 天。电视里经常提醒市民注意饮食的储存日期，以防过期。防震袋让人们在地震紧急出逃或者被埋入废墟中时也有一定的生命保障。另外灾前教育还提醒住户记住所住居民楼的防灾紧急通道；在居家布置时，为了防止家具在地震时倒下来砸伤人或物，家具用专门的装置与墙壁或天花板固定，一些容易损坏的音响、电视或工艺器皿等，在其四角处都有专门固定防滑的胶皮垫；在家里没人时，日本人习惯关闭煤气总阀。在城市建设规划之时，日本就十分重视防灾避难所的设计，在避难所里备有充足的饮水、各种食品，还有住宿房间，生活用品一应俱全，专为临时受灾者服务。1981 年后，日本所有高层建筑都要求能防范 7～8 级地震。

由于东京的地震、水灾和台风等自然灾害以及核事故的发生概率均为高风险，所以东京政府发放防灾宣导手册（图 4-7）[1]，让居民做好防灾应对措施的准备。该手册共分为五个章节：大地震演练、需要立即行动的防灾方法、其他灾害和应对措施、应急手册以及必备灾害知识。由 Nosigner 设计事务所操刀，电通广告以及东京政府防灾部门三方协作的《东京防灾指南》设计精美、内容易读，在醒目警示的外表下，传递出的是日本设计师对于设计务实的推敲，进而使阅读体验得到提升，其特征是醒目、夸张、生动形象而且实用至极。

太刀川瑛弼认为设计师在寻找创新点的时候，要以用户和利益相关者作为出发点，和不同角色的人进行充分的对话，需要不同分工的人通力合作，增进交流和沟通。这也要求设计师本人的知识结构或者团队要有多样性，尽可能多地了解各个领域，才能从更多角度"诊断"设计问题，并找到机会点，开创更多不同的解决方式。

---

[1]　东京防灾手册，https://www.iyeslogo.com/bousai-tokyo/

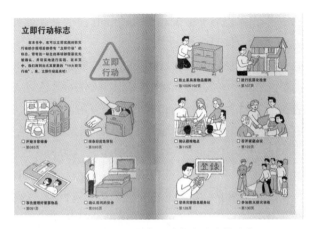

图 4-7　太刀川瑛弼《东京防灾指南》

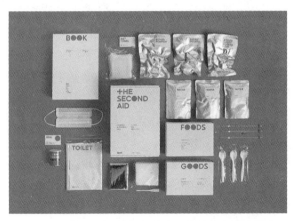

图 4-8　太刀川瑛弼－解决灾害救助环节的个人需求的产品设计

3. 灾中自救产品设计解析

以发生频繁、受灾面积大的地震为例，在产品设计时要综合考虑人的心理变化和情感需求。根据唐纳德·A·诺曼的《情感化设计》，人在灾难中的心理反应体现为本能、行为、反思三个层次。本能层的救灾产品设要在形态、色彩和材质方面设计的安全可靠，能够激发本能层的设计一般会合理利用人的直觉和潜意识，让人减少焦虑，得到安抚。在灾害中人会出现焦虑、紧张、恐慌、无所适从等心理，在身体上会出现颤抖、出汗、腿脚酸软等生理反应。因此产品在本能层设计上要色彩平和单纯、信息明确、容易识别。

行为层的救灾产品设计是在产品使用过程中满足易于理解、便于使用、功能合理等条件。在逃生和等待救援的过程中，人的行为会受到紧张情绪的干扰，在动作准确性、判断力等方面失常，对产品的易用性要求比正常情况下更高，防止出现产品在紧急情况下打不开、识别困难等问题。产品能够提供必要的安全保障和报警功能，减少用户的等待感、被遗忘感和消极绝望的情绪。

反思水平的救灾产品设计是在救灾安置时期，用户在劫后余生之时会出现创伤后应激障碍（PTSD），表现为在灾后很长一段时间内，头脑中会反复出现那些创伤性画面，对创伤性的信息挥之不去，长期感到紧张、恐惧、痛苦、抑郁，甚至产生自卑、自责、自杀等念头。这一心理创伤需要抚平和缓解，除了通过心理辅导进行抚慰之外，也可以通过设计相应的产品进行过渡性治疗。

从个人层面来看，地震灾难中个人需求又分为生理需求、安全需求和心理需求。

生理需求保证幸免于难的灾民能够延续生命。72小时急难救助包里需要准备的用品清单如下：

（1）背包1只，质轻、防水、多层或多个小口袋设计，并加装在黑暗处可找到的荧光条。

（2）饮用水2公升，可另准备携带型滤水壶。

（3）食物9餐份，如杂粮饼、坚果、豆子、果干、巧克力等可立即食用物。五谷杂粮种子一小包，以备无救援之需。高热量、重量轻、保存期长者。

（4）衣物2套，内衣、防寒防水衣物、袜子、帽子、手套、雨衣等塑料袋装妥、防湿。

（5）医疗包1份，OK绷、止血带、方巾、优碘、消毒棉、纱布、透气胶带、生理食盐水、肠胃药、止痛药、防蚊液、体温计、剪刀、宽口布胶带、口罩。

（6）清洁品 1 套，卫生纸、卫生棉、清洁皂、湿巾、毛巾。

（7）工具刀 1 只，万用小刀。

（8）照明 2 种以上，手电筒及电池、头灯、荧光棒、蜡烛、打火机，置于背包明显处，以便能在黑暗中快速取出。

（9）指南针＋地图 1 组。

（10）收音机＋电池 1 组，轻便型、防水为佳。

（11）针线包 1 组。

（12）哨子 1 只。

（13）绳子约 15 米，粗、细各一条。

（14）帐篷 1 只，或可遮蔽的防水布、防寒布。

（15）睡袋 1 只，质轻、保暖，折叠后体积小者最佳（可附防水毯）。

（16）证件复印件，身份证、户口簿、护照、健保卡、权状、存折、提款卡等。

（17）通讯簿，包括紧急通讯电话如附近医院、警察局等。另备电话卡或通讯器材如无线电、手机等。

（18）简易急救手册，平时要多熟练简易急救常识。

（19）现金，最好备有零钱，非必需品。

安全需求是在地震中有效躲避，防止人员伤亡的需求。地震时人如果处在室内空间中，要避免被倒塌的房屋压倒。这时室内家具就成为帮助躲避的工具，有一款避震桌的设计是在铁质的桌子四角增加了四根容易折断的细支撑杆。因为研究发现，产品部件的某些部分弯折可以吸收能量，减少对桌面的冲击，从而减少桌板受力断裂、伤害躲避者的机会。还有些避震桌在桌底中间增加把手，让躲避的人抓握。

心理需求是在紧急状况下用直观的设计减少判断的心理压力。紧急药片的包装考虑到人在突发事件下过度紧张和焦虑，无法作出快速准确的判断，因此用可视化的方法把治疗人体不同部位疼痛的药片置于简易人体模型中。一包药片包装中包含了头痛、喉咙痛、胃痛和肌肉痛等不同功能的药片，用户可以通过对应部位的挤压，把药片从塑封膜中挤出来，快速服用。

4. 灾后救助和重建产品设计解析

从社会层面来讲，在设计救灾产品时要考虑灾民、救灾力量、当地环境、灾后抚慰等更多因素。根据灾害发生的不同时间段进行设计规划，例如在地震前设计要着重于预防为主，主要设计建筑物的抗震能力、公共场所的避震设施、家用抗震和自救设施以及进行普遍的公民抗震自救常识教育。在震中和震后重建期，从衣、食、住、行、联等角度分别满足用户需求的设计清单如下（表4-3）。

灾后救助和重建产品设计清单

表4-3

产品类别	救灾产品概念
衣	便于储藏携带的轻便折叠雨衣； 为灾民自救、有防护照明功能的救灾衣； 移动广告衣，上面有救助电话和信息等； 帮助受伤残废儿童、成人树立信念的"完整衣"； 帮助灾民取暖御寒和防雨的服装设计
食	装有过滤芯的饮水器，供受困塌方地区、无洁净水源的灾民使用； 临时携带的食品袋，提供几日内食用； 一次性环保餐具、杯子，可分解、减少水浪费，减少细菌传染； 禁止食用需要热水泡熟的方便面，不适合灾后缺水的地区； 提供紧急治疗药物袋
住	防震结构住宅设计； 抗震快速疏散楼梯设计； 抗震家具设计，防止移动，容人躲避； 可折叠床架、柜子，轻便、易携带、可反复使用； 防震防雨帐篷，容易搭建，利用现有材料，可配照明； 可收集粪便的公共卫生洁具，减少安置区内卫生隐患； 分类垃圾箱，可移动、清洁、易投取； 易搭建和移动的临时医护设施
行	担架，运输伤员； 运输物资防震性强的太阳能工具小车； 可适应路况的轮胎； 紧急救援直升机等交通工具； 无人机地形探测

续表

产品类别	救灾产品概念
联	发求救信号的手机； 为寻找生还者的探测器； 能够汇报人体生命指征和定位点的可穿戴配件； 建立城市灾民联系网，统计寻找失踪人口； 建立教育灾民自救和自我医护知识的网站

目前为个人和家庭使用的急救产品有所增加，个人需要能够得到更多的满足，例如带交流播放器和夜间照明功能的交互玩偶，印有鼓励的话语和图案的日用品，简易小型的按摩器，在公共区域安放照明设备，兼顾太阳能和手摇充电的急难救助专用收音机，以及可以触摸、有音乐、可共同参与的互动绘画拼图玩具，等等。相比较而言，公共产品及设施的设计相对变得容易被忽视。

总之，目前国内已经开展了许多急难救助项目，其中主要包括实施灾情勘察、灾难应急水处理、简易环保厕所、协调与分发物资、灾后儿童心理疏导、儿童活动中心等。其中应急水处理项目是针对灾难发生后缺乏安全卫生饮用水的情况，用专业的净水设备为受灾社区居民提供安全干净的饮用水，并由经过培训的志愿者来协助解决设备维护等问题。物资协调与分发救助项目是根据对灾区的灾情勘察，为灾民采购并发放切实需要的食物和饮用水、衣物、日用品、孕妇及婴幼儿特殊用品等急需或必备物资。灾区儿童陪伴计划救助项目是以图书借阅、课后辅导、兴趣课堂讲座、灾后心理疏导等服务项目为受灾后的孩子们提供一片安全的乐土，疏导孩子们的悲伤和恐慌情绪，帮助他们尽快恢复健康的心理状态。从长期救助来看，这一切的救助努力将为灾后的社区发展项目作铺垫，设计相应的救助产品将帮助灾区人民一起共建家园，重拾信心。

少子——儿童健康与教育

少子化一词源自于日语"しょうしか"，是指生育率下降造成幼年人口逐渐减少的现象。少子化代表着未来人口可能逐渐变少，对于社会结构、经济发展等各方面都会产生重大影响。根据人口统计学标准，一个社会 0 ~ 14 岁人口占比 15% ~ 18% 为"严重少子化"，15% 以内为"超少子化"。而根据第六次人口普查，中国 2010 年 0 ~ 14 岁人口总量为 2.2 亿，占总人口的 16.6%，已经处于严重少子化水平。

少子化让儿童成为家庭关注的中心，由此引发了一系列的设计需求。在日常养育方面，家庭会把所有希望寄托在孩子身上，对孩子成长的每一环节都倾注了大量心血，对产品的质量精益求精。在教育方面，很多家长群里流传着这样一句话："不要让孩子输在起跑线上"，这使得教育产品成为稀缺资源。少子化让家庭养育观念变为精细化培养，也让儿童成为被物质包围但是被精神孤立的人。

1. 儿童生理和心理特点分析

儿童从出生开始就表现出对世界的探索欲望。根据儿童心理学家皮亚杰的认知发展阶段论，个体在从出生到成熟的发展过程中表现出四个阶段：感知运动阶段（sensorimotor stage）、前运算阶段（pre-operationai stage）、具体运算阶段（concrete operational stage）和形式运算阶段（formal operational stage）。

儿童在 0 ~ 2 岁处于感知运动阶段，其认知发展主要是感觉和动作的分化，其认知活动主要是通过探索感受、知觉与运动之间的关系获得动作经验。他们探索周围世界的主要手段是手的抓取和嘴的吸吮。这一时期，儿童的认知能力从对事物的被动反应发展到主动的探究。本阶段儿童还不能使用语言和抽象符号来命名事物，但是他们已经获得了客体永恒性的认知。

儿童在 2 ~ 7 岁处于前运算阶段，他们在感知运动阶段获得的感知运动经验在这一阶段开始内化为表象或形象图示。语言的发展使得儿童的表象日益丰富,他们会与一切玩具或物品交谈。此阶段儿童一切以自我为中心,没有物质守恒的概念,还不能用多个维度来判断事物。儿童在这个阶段的认知活动具有具体性、不可逆性和刻板性。

儿童在 7 ~ 11 岁处于具体运算阶段,此阶段儿童的认知结构已发生了重组和改善,有了抽象的概念,能够进行逻辑推理。这个阶段儿童心理发展的标志是形成了守恒概念,能进行逻辑思维和简单的抽象运算。但此阶段儿童的思维仍然需要具体事物的支持,因此,这一阶段儿童应多做具体性的技能训练。

儿童在 11 ~ 16 岁处于形式运算阶段,出现逻辑思维。此阶段儿童的思维已经超越了对具体的、可感知的事物的依赖,进入形式运算阶段(又称命题运算阶段)。本阶段儿童能用逻辑推理、归纳或演绎的方法来解决问题,能理解符号的意义,能够运用隐喻和直喻,并具有一定的概括能力。此阶段儿童不再刻板地恪守规则,常常由于规则与事实的不符而拒绝规则,其思维具有可逆性、补偿性和灵活性。

皮亚杰认知发展理论强调认知发展对学习的制约作用。在教育教学中,要依据不同儿童不同发展阶段的认知特点进行教学。

2. 儿童产品设计原则

(1)趣味性。儿童在前运动阶段生活在一个幻想的童话世界中,他们相信万物有灵,具体表现为经常和毛绒玩偶对话,能够了解植物和蚂蚁的想法,想象力极为丰富。这个阶段的儿童虽然在行为上有些缺乏自控力,但是非常容易受到自己喜爱的对象的感染,特别容易沉浸在故事中。在指导学生设计帮助儿童改善吃饭行为的产品时,我们首先考虑怎样增加产品的趣味性,让儿童在玩游戏的过程中喜欢上吃饭。有些同学把饭勺和刀叉设计成可爱的卡通形象,餐具长着腿方便站立,长着胳膊可以卡住儿童的手防止勺子滑落。碗也设计成长腿的模样,除了有趣还有防止饭碗翻倒的功能。另一组同学设计了吸引儿童吃饭的趣味性互动双层碗,在双层透明碗中间加入儿童喜欢的卡通人物。整个吃饭过程就像一场寻宝游戏，儿童在一满碗饭中不断挖掘，随着饭剩下的越来越少，儿童可以看到一系列被遮挡住的有趣图形显露出来，形成有趣的吃饭互动体验。儿童产品的趣味性体现在有趣的形态色彩、有趣的互动过程以及有趣的故事性中。

（2）创造性。创造性的设计和创造性地使用是儿童产品设计的独特魅力。创造性的设计是指不流于俗套，通过对儿童心理特点和行为方式的研究，产生独特的产品种类和使用方式。创造性地使用是指在产品设计上留出用户自行定义的空间，让产品具有可组装、可自由使用的结构模块。例如儿童家具的设计，有的是正反堆叠形成树洞或掩体一样的沙发，满足小孩爱钻洞的习性；有的是分成多个模块，让儿童搬动产品组合成各种游戏模式，鼓励他们不断发挥想象力，创造出新的可能性。

（3）安全性。儿童是一群柔弱的小生命，他们小手稚嫩，生活经验匮乏却又喜欢对世界进行无穷的探索，他们经常作出各种容易受伤的行为让大人心惊肉跳。在儿童产品的设计上，安全问题是必不可少的要素。例如儿童座椅的设计要稳定、耐压、防止儿童摔伤；家具边角设计要柔和，防止尖锐的棱角碰伤跌跌撞撞的小家伙；插线板要改为安全插口，防止小孩触电。因为儿童喜欢把任何手头的东西塞进嘴巴里，为儿童设计的产品要用安全的木材或塑料等材料，防止甲醛超标；为儿童设计的玩具要避免有细小的零件，防止儿童吞咽下去。有些药品对儿童是禁止使用的，这类药瓶的设计往往加入让儿童难以打开的盖子，通过多种动作组合进行限制设计，如先拉再拧，或者先旋转瓶口对准刻度再打开等方式，避免儿童误食药品。同时儿童也是一群破坏力极强的"小魔王"。家电修理师傅都知道很多家庭的液晶电视是被六七岁的小孩打碎的，可以想象他们的破坏力之大。所以安全性的另一个含义是为儿童设计的产品要在材料和结构上作的足够强壮结实，防止被儿童破坏。

（4）互动性。互动性产品与人的人机交互。随着 AI 智能技术的发展，出现了专为儿童设计的儿童陪伴机器人（图4-8，图4-9），它与儿童的互动建立在语言教学、儿童行为监控、陪伴娱乐和讲故事功能的基础上。在语言教学功能上，它的设计逻辑如下：首先根据机器人上安装的摄像头识别镜头前的物体，比如一只猫走过摄像头，机器人通过图像识别检索发音"cat"，儿童反复学习掌握猫的名词发音，最后机器人接收儿童语音反馈进行判断和纠正，最终经过多次重复让儿童学会每个物体的单词和意义。儿童需要社交互动，良好的伙伴关系可以帮助儿童学习社交能力，学会情绪表达，提高情感交流的能力。在产品设计上增加与人互动的部分就是一种有益的尝试。

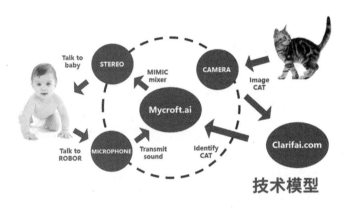

图 4-9　技术模型

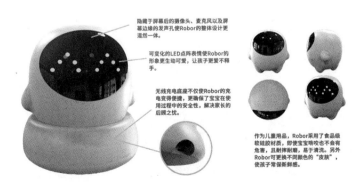

图 4-10　儿童智能语音学习机器人（设计：彭艳妮，华东理工大学）

（5）成长性

让产品随着儿童的身体一起成长。儿童身体成长速度很快，一个会成长的产品无疑可以给儿童更长的陪伴时间，也减少了产品的浪费。让产品自身拥有多功能和多种使用方式。儿童的兴趣转移很快，对待玩具或者其他产品大多是三分钟热度，而产品的多功能属性可以增加儿童的好奇心，满足他们的多种使用方式。图4-11的多用途儿童车有两种使用功能，车身部分可以翻转，正向是单车，反向是滑板车，适合不同成长阶段的儿童使用。

图4-11　多用途儿童车（设计：邵婵彦，华东理工大学）

3. 儿童健康发展与产品设计机会

儿童是每个家庭的核心成员，也是国家未来发展的希望，儿童产品的发展的重点领域之一是儿童认知发展与娱乐教育产品设计，例如儿童磨牙器、儿童智力游戏手机应用和儿童性教育玩具等。另一重点领域是儿童医疗产品设计，例如测量用具儿童体温计、防止流血的脐带止血器、新生儿保温箱和儿童哮喘呼吸器等，其中缺口最大的是伴随儿童健康成长的产品设计。

孩子的成长速度如此之快，以致很多儿童用品一眨眼就小得不能用了。不管是儿童床还是儿童学步车，买来用不了多久就要被淘汰，实在是很可惜。因此设计师们针对孩子的快速成长设计了可以随着孩子成长而不断变化的产品，让物品可以充分发挥它的价值而更加环保，也让购买儿童产品的家庭不用浪费太多金钱。"Stoke Steps"儿童座椅可以伴随儿童在不同成长阶段持续使用。这套座椅在小孩的婴儿期可以当作助行器；当座位和椅子组合时立刻变为婴儿躺椅；当小孩学会自己坐着吃饭时，在椅子上加个桌板，就成了餐桌椅；当小孩再长大一些可以安全活动时，把上面的坐垫和小桌板拿掉，这个产品就变成一个儿童靠背椅，可以让儿童来学习玩耍。"伴随成长"在儿童产品设计中是个很重要的设计理念。设计师试图通过成长型设计来解决一些生活中的问题，同时减少环境资源浪费。

随着交互技术的发展，跟随儿童成长的教育领域也迎来新的突破，在线教育机构如雨后春笋般崛起，寓教于乐的教育软件设计让儿童深深爱上了学习。在线教育借鉴了线下教育的特点，充分考虑到教师与学生的交流互动，根据各学科的教学特点来做交互设计。例如在线英语教学注重与外教的语音视频交流、文章阅读、生词读音、语法纠正等交互方式。新技术的优势是画面生动有趣，结合线上游戏、社交排名和虚拟奖励，充分运用儿童心理学调动他们的积极性，给儿童的学习带来更大的乐趣。

高龄——更好的银色未来

从新闻和各类媒体上我们已经知道，老龄化社会已经逼近日常生活，如果用数字来表示的话可能更加清晰。据智研咨询发布的《2017～2022年中国养老行业现状分析及投资战略研究报告》显示，2015年中国0～14岁人口为22681万人，2015年中国15～64岁人口为100347万人，2005～2010年中国0～14岁人口逐年下降，2010年0～14岁人口达到近十年最低值，为22259万人。2015年，中国65岁及以上人口为14434万人，近十年65岁及以上人口逐年增加，人口红利逐渐消失。人口红利的消失，意味着人口老龄化的高峰即将到来和创造价值的劳动力减少，因此，养老问题的严重性和必要性浮出水面。

根据联合国对我国预期寿命的预测可以看到，人类平均寿命也呈现增长态势，平均寿命从70多岁增加到85岁，这意味着人口的老年期又延长了十年。老年时代在个人的生命周期中占据了更长、更重要的部分，从整个社会来讲，人口老龄化，意味着老年人口在总人口中所占的比例越来越大，而且达到了一定的规模和程度。当很大数量的老年人开始在出现在社会生活的各个场景中时，意味着我们应该更重视这部分人口的需求和特点，意味着许多设计的规则需要改变了。

1. 认知功能衰退引发的设计革新

一般来说，当人过40岁便会注意到视觉的改变，并随年龄增大而逐渐明显。老花眼、视物模糊、眼前黑影飘动等，可能会时常和我们的视觉相伴。随着年龄的增长，眼睛等组织结构开始老化，晶状体的弹性下降，近距离阅读或作业出现困难，这种情景被称为"老视"，40岁左右成年人都会出现老视。对老人来讲，普通日常生活比如阅读报纸、缝补衣服、穿针引线等细活越来越困难。这时他们需要一些辅助设计来支持眼部的变化，比如日常佩戴的老花镜、读报看书时使用的放大镜，在剪指甲的时候给指甲钳配上一个小型透镜，放大指尖的尺寸，让老人便于操作。甚至还有一种手机应用的出现，用手机摄像头对准要阅读的文字，通过软件放大文字的字号，在手机屏幕上显示出来，解决了老人阅读小字困难的问题。

多数现有的家用电器由于多功能化和出于美观的需要，在产品操作界面部分都设计得细小而繁密，比如一个电饭煲，从功能上有煮各种饭、汤、粥的选项，还有各种香糯口感的选项，以及煮饭时间长短的选项，另外各种附属功能如定时预约、蒸煮方式选择、保温、开关等多种选项，导致大量的信息堆积。且不说这么多功能的操作流程复杂难懂，即便是只看界面的字体，小而密集的字挤在一起，让老人很难看清楚上面的内容，更增加了使用时的挫败感。环顾一下家里四周，生活中充满了各种电器，从电视空调的遥控器，到厨房电饭煲微波炉，再到家用水电表煤气表的刻度盘，还有老人也开始频繁使用的手机和平板电脑，各类电器基本上都是按照年轻人的视觉习惯设计的，但是对视觉感知逐渐变弱的老年人来说这充满着挑战和挫败感。我曾经看到一位老人对着电视遥控器凑近使劲看，然后茫然地问哪个是音量键，如果遥控器设计能够做一点改变，增大字体，增大按键面积，在特殊按键上增加形状触感，就会在易用性上让老人使用更愉快。

人到了老年，感觉器官功能下降，老眼昏花、听力下降、味觉迟钝，这些都会给老年人的生活和社交活动带来诸多不便。例如，由于听力下降，容易误听、误解他人谈话的意义，出现敏感、猜疑、偏执观念。老年人记忆减退，近事容易遗忘，而远事记忆尚好。速记、强记虽然困难，但理解性记忆、逻辑性记忆常不逊色。从视觉色彩感知上老人看视物颜色变淡、出现晕环，看东西发生重叠，出现暗影。这可能是白内障的症状，随着年龄的增长，人眼内晶状体因为低于紫外线和蓝光的伤害开始变得混浊，每个人都会出现不同程度的白内障。这也增加了老人视物的困扰。一些家电产品设计为了追求酷时尚的效果，特意把颜色做的很暗沉难以识别。即使一些专为老人设计的产品，也存在色彩应用不当使视觉信息难以阅读的问题。比如老年人常吃的一些药品包装设计得就很不合理。老年人常常需要服用药物，据医院药剂师介绍，在老人中 80% 需要药物治疗，而 25% 的老人需要服用 4 ~ 6 种的药物。很多老人因为用药错误导致令人惋惜的结果。老年人吃错药的原因主要集中于药品说明书文字和背景反差小，看不清楚具体吃药禁忌。老人把药品包装盒丢掉了，而药片形状颜色比较接近导致认错药品。另外就是由于忘记按时按量服药抑制了药效的发挥。

为此设计师们发现了设计的痛点，分别从几个方向进行了改进设计（图 4-12）。针对老年人药品包装体积不当，难以携带的问题设计了多功能药盒，形态可以组装延展，同时对于药品体积过小不易找到且易丢失等携带问题，在药品包装上添加卡子或穿绳悬挂来解决，方便寻找。针对包装上文字太小，不易阅读的问题在药盒上进行了字体改进，并加入语音提醒功能；针对包装结构复杂，使用不够方便，容易在安全性和便利性方面为老年人埋下隐患的问题，通过设计旋转或推拉的方式解决，让使用者能够尽量快速单手取出药品。对于药品在服用过程中数量控制不便的问题，通过对包装开口形式及大小进行改良设计来解决。

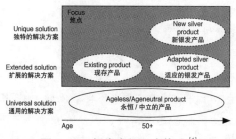

图 4-12　银发市场开发战略[1]

2. 行为不便需要特殊关怀

老年人的神经运动机能开始衰退，行动以及各项操作技能变得缓慢、不准确、不协调，甚至笨拙，操作性动作缓慢、迟钝。这些都会降低老年人外出参加一些社会活动的积极性。老人的脚力、上下肢肌肉力量、背力、握力和呼吸机能减退。对危险运动的反射神经和平衡力也会降低，容易发生危险。

这意味着老年人在户外活动的机会减少，即使外出也需要预备突如其来的

---

[1]　资料来源：George P. Moschis. L ife stages of the mature market[J]. American Demographics, 1996(Sep): 44-50.

身体状况，比如防止摔倒，防止行动无力，防止紧急心血管疾病的发作等。所以老年人需要配备特殊产品帮助他们维持日常行为的安全。生活中我们经常会发现，不少老年人都会发生跌倒的状况，而且老年人一旦摔倒很容易引发一系列的老年疾病如中风，这对身体的伤害是非常大的。如何防止老人摔倒这在设计上引发了一系列思考。首先，在室内环境设计上要整顿身边环境，防止被脚下障碍物绊倒。脚下障碍物最常见的是各种电器的导线，要设计集线器整理线路或把导线隐藏起来。其次是房间内地面不平，特别是有些人家中的走廊与房间、卧室与卫生间存在地面的错层或者是有地毯等，因此，在家中行走的通道要尽可能制造出一条畅通的空间；在日常生活中，应当养成经常收拾整理的习惯；在有落差的地面要用脚垫等消除落差；将地毯的边缘部位用胶带固定等。

在家中容易滑倒的卫生间、浴池等处要安装扶手，老人动作不灵活，一旦洗浴时不小心打滑或者起夜时进入卫生间，睡得迷迷糊糊时身体摇晃，这时如能随时立刻抓住扶手就可以确保身体的稳定性。有三分之一 65 岁或以上的年长者会跌倒，一些会因此受伤，年龄越大，风险越高。过道和家具空间的宽度需要满足 780 毫米，方便老人移动，若有轮椅则应在 800 毫米以上。尤其走廊及拐角处需设定水平扶手。假如选择圆形扶手，根据调查采样评价结果，圆形扶手以直径 35 毫米，离墙壁 38 毫米为最适宜设计，因为扶手直径太宽难以把握，相反直径太细给人不安的感觉。

由于老人起坐不方便，马桶旁边的扶手不仅给老人心理上的安全感，更使得在站立时省很多力。扶手的位置应设定在离马桶 15～30 毫米的墙壁上。传统马桶较低，老人站立起较费力，所以可以用辅高坐垫来增加 5 厘米马桶的高度，或者使用电动马桶圈辅助老人起立。

除了安装扶手，应在卧室、客厅等主要空间设置起夜灯，进行光感控制，便于老人起夜通往卫生间。尤其患有白内障、糖尿病视网膜病变的老年人，环境明亮通畅更为重要。随着年龄的增长，视力会逐渐一点一点地减弱。因此，年轻人觉得合适的光亮，对于老人是觉得暗的，读字的照明，老龄人需亮度 600～1500 勒克司，是年轻人的两倍左右。相比于年轻人，老龄人更需要增强照明的亮度。

例如，看报纸或者写作的时候，可以多使用辅助光源来为老年人提供良好照明。

老年人在外出活动时，最好穿宽松的运动裤，保持动作灵活，选择有防滑性能的鞋底。有一种名为 B-Shoe 的智能鞋可以帮助老年人在走路的时候保持身体平衡，不容易摔倒。目前这项技术已经申请了专利。对于正常人来说，如果出现站立不稳的情况，一条腿会不自觉地向后移动进行支撑防止摔倒，而这就是所谓的"backward step"原理。而对于老年人来说，由于年纪增大，动作变慢和反应逐渐迟缓，后退一步的动作往往来不及做就已经摔倒。而这款 B-Shoe 智能鞋就是利用了这一原理来帮助老年人维持平衡。B-Shoe 在鞋底安装了鞋垫压力传感器、驱动单元、可充电电池、微处理器，并通过专有的智能算法来确定是否需要进行调整。当它预判到使用者即将摔倒的一刹那，会自动引导用户的一条腿迈开向后撤步，防止摔倒的情况发生。

在户外环境中，交通信号灯的人行绿灯的设计要根据老人行走速度进行延长，防止老人因为短时间走不到马路对面产生恐慌心理。尽量设计平坦的人行道，在路面铺设防滑材料，避免凹凸不平的道路和人车混乱的地方。在上下台阶的地方设置明显的黄色色带提醒老人看清路况防止摔倒。对一些坐轮椅出行的老人在站台、上下车和地铁交通过道，都需要考虑设置无障碍通道。一些老人体力较弱，出门需要使用手杖或者助行器来协助双脚支撑住身体，使两点支撑变成了三点支撑，增加了身体的稳定性，对防止摔倒是个好办法。

设计师在老人出行方面作的设计可谓五花八门，从便携性上有可伸缩折叠的拐杖，有配备座椅休息的拐杖，具有自动恢复站姿的拐杖，以及配备电脑导航、定位提醒搜索功能的拐杖等，都为老人的自由行动提供了帮助。由日本公司设计的行走助力装置，可以帮助肌肉力量不足的老年人提高行走速度、延长行走距离，使爬坡更容易，同时还能监测佩戴者的心跳自动调整行走速度。这套装置重 2.8 千克，内置锂离子电池，有大中小不同的型号可供选择。

3. 心理上的安慰与期待

老年人随着年纪增大，在心理上会产生一些落差和变化。老龄委一项调查显示，96% 的老人业余爱好就是看电视，很少出家门。人是群居动物，总窝在家里，心灵和身体都会受到损害。美国圣路易斯大学副教授海伦·拉奇发现，老人多参加社交活动，比如与人交谈、一起遛狗等，能培养良好心态。美国密歇根州立大学最新研究发现，老人适度上网有助提高生活质量，抑郁风险降低三成。由于对技术的恐惧，有些老人不愿意使用现代通信产品，于是一个新的产品需求出现了。家庭智能陪伴机器人作为为空巢老人家庭而生的新品类，在 2015 年推向市场。虽然目前的智能机器人主要提供视频聊天、语音交互等比较简单的功能，但是在未来 AI 智能发展更成熟的时代，陪伴机器人可以具有人的心理情感和反应，将会为空巢寂寞的老人带来更多的心理抚慰。

在老人社交上也存在巨大的设计缺口。据报道，宜家的体验店餐饮空间曾经一度被老年人占据，因为这里有免费的座椅，温度适宜，环境舒适，有免费的饮料，许多老人社交没有地方可去，就拿这里当作约会社交的场所。有些老人为了抵御孤独感，每天带上一瓶水和几块面包，坐上电车或地铁，跟着车子一路坐到终点站然后再折返，这样消磨掉整个白天。还有些老人为了跳广场舞在小区抢地盘，广场舞虽然满足了老人健身和社交的需要，但是它屡屡出现的扰民现象也成为一个隐患。种种新闻事例提醒我们，设计是为人服务的，而即将到来的大面积老龄化人口为我们社会的公共空间、健身场所等服务设施都提出了严峻的考验。社会资源短缺是一个问题，从另一个角度思考，社会是否缺乏对老人群体需求的了解和真正的关怀？

4. 老龄化服务设计的发展

根据百度百科的解释："服务设计是有效地计划和组织一项服务中所涉及的人、基础设施、通信交流以及物料等相关因素，从而提高用户体验和服务质量的设计活动[1]。……服务设计既可以是有形的，也可以是无形的；客户体验的过程可能在医院、零售商店或是街道上，所有涉及的人和物都为落实一项成功的服

---

[1]　Basic-Tools-Cases. This Is Service Design Thinking.BIS Publishers.2011：28.

务起到关键的作用。服务设计将人与沟通、环境、行为、物料等相互融合，并将以人为本的理念贯穿于始终。"

老龄化社会需要怎样的服务设计？

美国佐治亚州立大学的营销学教授 George P. Moschis 开发了一套用于细分老年市场的量表（scales）工具——老年图示（Gerontograhics）模型。老年图示生命阶段模型（The Gerontograhics life- stage model）试图通过探讨人口老化过程来了解人类晚年的行为。根据老年人所经历的老化类型（type of aging），Moschis 将老年人分为四种类型（图 4-13）：

（1）身体健康的享乐主义者（Healthy Indulgers）；

（2）身体健康的遁世主义者（Healthy Hermits）；

（3）多病外出者（Ailing Outgoers）；

（4）身体虚弱的幽居者（Frail Recluses）。

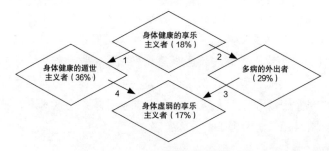

图 4-13 老年市场的生命阶段细分

从人口老龄化各个阶段的需求来看，在作为身体健康的享乐主义者阶段，老年人刚从繁忙的工作中退休，身体状态良好，具有较多的闲暇时间，他们追求的目标是享乐与旅游。故老年旅游服务行业需要大量能够提升老年人旅游感知的产品，比如老年旅行背包、旅游鞋的设计、旅行快餐盒等旅游装备，以及良好的线上线下旅游预订服务系统、银行付费系统、旅游交通工具和户外标识系统设计等都需要根据老人的生理知觉变化进行改进设计。

　　在作为身体健康的遁世主义者阶段，有些老年人退休后不愿意外出活动，更喜欢待在家里避开人群。这一部分人社交和运动相对较少，容易产生与世隔绝甚至沮丧的心理问题。因此有些社区会组织老年人进行心理疏导服务和健康教育服务，通过低龄老人和高龄老人的互助，帮他们打开心结融入社会；通过医生到社区进行健康讲座，帮助老人提高健康意识，掌握常见病的预防和救护方法，提高生活的质量。在国外，老年人对于保持自身年轻化的需求持续增长，这一阶段的老人要为防止肌肉老化和保持身材做准备，会购买健身器材在家里进行运动，因此老年健身器材行业也是一个有待开发的领域。同时老年人美容护肤行业和游戏机产业等也逐年呈上升趋势。

　　在作为多病的外出者阶段，老人外出行动需要整个社会系统的服务和辅助，除了交通系统设计完善之外，在老人经常进出的医院也要提供舒适的医疗健康服务。比如挂号便捷，减少等待时间，指明各科室位置的医院标识系统要完善，医导人员的服务态度要充满细心关怀，让老人在看病过程中减少心理恐惧，在看病后进行智能服药提醒，身体指征自动收集和汇总到云端，接受医生的一对一长期咨询服务等。当然还包括整个医保系统的完善和医疗资源的平衡调整。

　　在身体虚弱的幽居者阶段，老年人进入了深度老龄化，在生活自理能力方面出现了障碍。此时需要社区配餐服务、家政打扫服务和医疗护理服务等更多的社会支持。如果独居老人感到无法独自生活，也可以选择到养老院接受更好的医养结合的服务。从服务设计这一角度来看，老龄化群体是一个庞大的市场，通过观察老年人的消费习惯和生活方式，可以产生大量的设计机会，也为老人的生活提供了更好的银色未来。

第五章 趋势洞察——从潮流中

掌握趋势

趋势听起来有"必然"的含义，"必然"是一个强烈的措辞，似乎是主观自由意志的放弃而引发的失控。似乎是假设我们"倒带"思想，无论如何重复，最终都会出现同样的结果。但是，我们现在所说的"必然"是另外一种形式。任何事物都会有一定的偏好，使得它朝往某种特定方向，但这些偏好仅存在于塑造大轮廓的合力中，并不会主宰那些具体而微的实例。譬如，因特网的形态——由比特组成的遍布全球的网络，是一种必然，但我们所采用的因特网的具体实现就不是必然；长距离传输语音信息的电话系统是必然，但 iphone 不是；四轮车辆是必然，但 SUV 不是；即时信息是必然，但推特不是。这时你是否可以理解——趋势更应该解释为一种动能，是正在进行中的变迁的动能。

不断变化不仅意味着"事物会变得不一样"，它也意味着"变化之引擎"比产品本身更重要。我们正从一个静态的名词世界前往一个流动的动词世界。未来，我们还会使用汽车，但它不仅是一个有形的东西，一个名词，它会转变为动词、流程，也许是一个运输的服务，一个不断更新的材料序列，对用户的使用、反馈、竞争、创新乃至穿戴作出快速适应。它可能可定制、可升级、可联网。汽车不再是一个成品的概念，而会成为塑造一种移动的无尽流程。产品不再会是产品，都会成为服务抑或算是一种交流。情感温度、善意共享、美学经济力、时间演变，这些力量并非命运，而是轨迹。也许可以窥见一斑，在不远的将来，必然而然。

温度——情感设计

　　每件产品都想证明自己是有用的、简洁的、解决了问题的。设计一个产品时，设计师需要考虑很多因素：产品的定位、实用性、成本、材料、工艺、市场以及理解和使用该产品时的难易程度等。人也一样，争取成功，做个有用的人，单一的社会价值标准像一把巨斧砍削我们。一棵栎树，做船会沉、做棺材会烂、做门会流脂、做柱会被蛀，百无一用，无人问津。但是无用而得从容，它开花结果尽享阳光雨露阳明更替。"无用"和"荒度"近年被挂在嘴边，也是人们意淫一下平凡快乐得心安理得的一种状态吧。于是我们开始意识到，过分追求有用时失去了很多生活，在产品中也同样应该投入人性情感因素，一件产品的成功与否，情感要素也许比实用要素更为关键。人们不再单纯追求物质上的享受，对于精神和文化的追求也在与日俱增。同时，设计本身又是一种经济行为，商品经济、服务经济之后的一种新型经济形态体验经济发展迅猛，体验经济是以提供美好经历和回忆为基础的经济形势，个人的感受是体验经济的基点。这样看来，情感设计具有多重功效。

1. 大脑活动的三个体验层次

　　人类是所有动物中最复杂的，拥有复杂的大脑结构。人类的很多偏好在出生时就已经具备，这是身体的自我保护机制。同时我们还有一个强大的大脑系统，用来完成任务、创造和表现。我们能够意识到自身在世界上的角色；能够对过去的经验加以反思，以便更好学习；能够思考未来，做更长远的规划；能够内省，以便更好地应付现状。诺曼等人对于情感的研究发现，人类的大脑活动分为三个层次[1]：先天的部分，被称为本能层次；控制身体日常行为的运作部分，被称为行为层次；还有大脑的思考部分，被称为反思层次。大脑

---

[1]　唐纳德·A·诺曼. 设计心理学 [M]. 北京：中信出版社 .2015.

的三个层次相互作用、相互调节。最低层次本能层负责将神经信号传输给身体。本能层次反应很快，迅速作出判断，并向肌肉发出适当信息，这是情感处理的起点。当行为由最低的本能层次发起时，被称作"自下而上"行为。自下而上的过程由知觉驱动。大部分人类行为属于行为层次，她可以增强或者抑制本能层，当然也可以被反思层增强或抑制。它与感觉输入和行为控制没有直接的联系途径，它只是监视、反省和设法使行为层次具有某种偏向。而反思层次是自上而下的过程，是由思维驱动，思考某件事情，然后想法被传输到最低层，触发传到神经元工作。大脑每一个层次在人的整体机能中起不同的作用。每一个层次都要求不同的设计风格。从应用的目的出发，我们可以试着简化它们：

本能层次的设计 ⟶ 外观

行为层次的设计 ⟶ 使用的愉悦和效用

反思层次的设计 ⟶ 自我形象、个人的满足、记忆

产品并不是很单纯地以本能层次为主，或者以行为层次为主，或者以反思层次为主的诉求。这是个很难协调的事情，如何协调在某个层次上满足与其他层次的相冲突的需求？如何能将本能的愉悦带入产品，又如何不让人对反思层的内容反感。至于行为层，人们一向是认可产品需要可用性，但是整个设计中所占的比例有多大才合适呢？真正的体验几乎都包含了所有三个层次。

2. 三个体验层次的应用融合

本能层是最容易迎合人们的最简单的层次，因为它引起的反应是生物性的，条件反射式的。人类在进化的过程中，因生存的需要，沉淀下许多本能的判断。比如人类喜欢饱和、对称、圆滑的外形的东西，因为往往果实和花朵具有这样的特征，它们可以食用且美味，人类本能喜欢的匀称的脸形和身形也反映了遗传选择，慢慢形成判断的符号。所以，针对本能层次的设计原则上是先天的、符合自然法则的。虽然很简单，但会有很大的吸引力。儿童玩具是很好的例证（图5-1）。

图 5-1 儿童玩具

它们强调先天,令人愉悦。在本能层视觉、听觉、触觉等生理特征起主导作用。因而设计师会用心呈现产品的外观,期待人们的第一反应是"我想要"。至于使用性退回到其次。色彩缤纷外形圆润的 IMAC 就是一场自下而上的设计,以本能层的因素为主,使用上沿用了苹果别的款式电脑的软硬件。

当设计关注外观美时不能忘记人也是以群分的,不同的人群有不同的经历和反应,对设计符号的反应是复杂的、有独特性的。每个人都是与众不同的。本能层的形态设计在很大程度上是依靠材质的运用和加工,在造型设计中,设计师不仅要考虑材质的美观性,还要考虑材料与结构功能的一致性。行为层的设计,也要考虑材质的生态效应、更要考虑材质给人的心理感觉——反思层的设计。

行为层设计顾名思义与使用密不可分。行为层的设计将每一个动作与一个期望相关联,希望得到一个积极的结果,产生一个正价反应。优秀的行为层次设计的原则即功能、易理解性、易用性和感受。行为层设计主要考虑到用户对产品的认知和使用,削皮器是否可以安全快速削皮、手表是否准确报时、水龙头是否温度流量流速都令人满意,产品的功能设计是优先考虑的,也是最重要的,如图中的几个产品(图 5-2)。

图 5-2　使用功能为主因的功能产品

　　功能是什么、是否吸引人、是否会达到预期功能，都需要定位和设计，这似乎是很具体的，容易达到。但实际上，人们隐含的需求不像想象的那么明显。产品研发有两种模式：改进和创新，改进产品可以通过对使用者的观察来设计，但创新呢？要如何去发现一个"未明述的需求"呢？大部分人并未意识到自己真正的需求，需要通过在自然环境中的认真观察去发现他们的需求。在功能之后就是理解，行为层的内涵最终也是要落实到一个有形的载体，可见其又不能脱离本能层单独存在。产品外部形态是"内部功能的承载与表现，体现出产品的高品质性能"。因此，产品的功能与产品的外形密切相关，是产品造型的基础。产品的功能通过组成各部件的结构安排、工作原理、材料选用、技术方法等来实现。使用者在看到产品外形时，就应知道产品的功能以及控制器的作用。设计师在设计产品时应该关注其易用性，与本能层的设计相结合，以外形设计为依托[1]：

　　（1）为使用者提供正确的概念模型，让使用者了解基本操作原理，知道产品的大体运作过程。

---

[1]　郁欣. 体验经济下情感设计研究 [DB]. 中国知网：www.cnki.net.2010.

（2）显示操作的结果，让用户知道某一操作是否已经完成以及操作所产生的结果如何；

（3）外形说明问题，用户操作起来方便，无需记住众多使用说明。

设计师借助人们的日常生活经验，引入产品语义将其视觉化，使人们对新产品感到亲切和容易接受。高技术的应用可能会使产品看上去神秘难懂，这就要求设计师在造型时充分考虑消费者的日常习惯，使产品易学易用，体现功能需求和审美需求，这也正体现了本能层和行为层的设计要求。

反思层设计涵盖诸多领域，它与信息、文化以及产品的含义和用途、信息息息相关。对于一个人来说，某件东西激起的私密记忆，这是关于一个事物的含义。对于另一个人来说，这是关于另一种完全不同的东西。我们评价别人或者评价自己及自己在乎的事物都属于反思的过程。我们看两种钟表的设计（图5-3，图5-4）。

图 5-3　普通钟表

图 5-4　触摸式钟表

一款是非常实用的，我们习以为常的钟表，它注重行为层面设计，实用、简单、功能明了、价格合适，它没有多漂亮或者多吸引人，那也不是它的卖点，这个钟表没有什么反思式魅力。另一个钟表通过不同寻常的方式显示时间，带给人新鲜和愉悦感，但需要先被解释才能领会。这个钟表外形神秘简约，很容易引起人的探究欲。它是否更难读懂呢？是的，它需要解释，但是它拥有优良的基本概念模型，足以满足我们对于良好行为层次设计的标准。它只需解释一次，从此以后，不言自明。其实，你很难设计出一款仅仅是功能完善的产品。在什么都不知道的情况下，一件产品摆放在那里，你几乎可以想象它适合在什么样的风格环境里，适合什么样的外形、气质、装束的人，或者来自哪里。这与文化有关，与实用性以及生物学上的东西无关。这是反思层次的问题，一切尽在观者心中。在反思层面上的设计往往关乎精神，情感化设计是建立在人性化设计的基础之上的，就是在产品的使用规则中故意设计有趣的反本能的障碍，让本能层与反思层发生冲突才是有乐趣的。人更喜欢探索那些远远超过本能的、与生俱来的生物偏好之外的事物。喜欢去克服一些本能的喜好倾向，拥有后天习得的品位。产品通过对用户这种心理的揣摩，增强用户对产品的黏度，或者说对产品的忠诚度。

满足用户的反思式需求，引起消费者的"自我感觉"是其中很重要的一点。例如DIY的过程满足了对自我能力的认同，同时也表达了自己的个性，有了愉悦和成就感。再试想一下，你是不是经历过亲自做的饭自己吃起来似乎总是比其余的好吃、很多模型的设计是给一张图纸让用户自己去组装、模块化的产品使用给你选择和变化的余地，有很多类似这样抓住用户心理很成功的设计，主要通过的就是让用户参与进来，这比简单的人性化设计更加增强用户对产品的依赖和忠诚度。设计者将自身参与降到最低，充分调动起使用者自己动手将产品个性化的积极性。在反思层面上，"独一无二"、"刻上自己烙印"的产品设计是成功的。

满足用户的反思式设计要求我们还倾向于把美和情感联系起来。情绪反映了个人的经历、联想和回忆。回忆可以激起强大持久的情感。往往人们认为有特别意义的物品都与某种特别的回忆或联想有关。特别的物品都唤起往事，唤起记忆中某一个特殊时刻。如果物品具有重要的个人相关性，如果他们带来快乐舒适的心境，那我们就会依恋它们。更深一步，我们依恋的是物品所代表的意义和情感。回忆反映了我们的生活经历。这些回忆使我们想起家人和朋友，经验和成就，也增强了我们自我认知的能力。蜡烛、拉绳开关的灯、黑白电视机、老式收音机、木质窗户，这些物品在现代生活中已不多见，伴随着我们的童年记忆渐渐远去，但现在想起来还是觉得很温馨。这些物品拥有着一种笨拙朴实亲切的美，对过去生活的怀念赋予了它们这样的美感。聪明的设计师能够捕捉到人们心底的愿望，穿过数十年的尘封时光，把储藏室里的旧物翻出，来重现它们的特点，以新的材质、新的手段、新的技术来重新诠释。优秀的反思层面设计设计不但触发了回忆，也引起了思考。看屡获大奖的 Muji CD 播放器（图 5-5）。

图 5-5　Muji CD 播放器

　　这款 CD 播放器简单得不同寻常，暴露在外不停转动的音乐光盘看起来更像是壁挂式电风扇的扇页。CD 没有盖子，电源线直接垂下来，只需要简单地扯动一下音乐便会响起，很像小时候电灯或是电扇的开关。它的构思最初来自 1999年 "没有思想" 活动。Muji 的这个设计是为了寻找一种 "根本" 的设计方式，从人们共同的感觉和记忆中找到简单的解决方案。对自然环境对日常生活对生活态度多了一份思索。产品也超越了外形和功能，超越了本能行为层次，与人们的情绪甚至思想产生了共鸣，达到了反思层面上优秀的表现。设计必须关注所有的层次：本能、行为和反思，大脑中三个层次是一起运作的，以确定一个人的认知和情感状态。高层次的反思认知可以触发低层次的情绪，低层次的情绪会引发更高层次的反思认知。对事物的理解产生于行为和反思层次的结合，愉悦的感受需要所有三个层次的配合。在所有三个层次进行设计都是非常重要的。

善意——共享经济潮流

活着就要消费。眼下，人们日常消费行为正在进行细微的变化，随着越来越多的个人消费实体被共享，一种"共享经济"的潮流正在成为社会的主流产业模式之一。

1. 共享经济产生的背景和涵义

"共享经济"最初是由马科斯·费尔逊（Marcus Felson）和琼·斯潘思（JoeL Spaeth）在研究个人汽车共享和租赁时提出，他们将其描述为"个人对个人"的合作式消费，可以大幅节约交通成本。雷切尔·布茨曼（Richel Botsman）和茹·罗杰斯（Roo Pogers）在《我的就是你的》一书中首次系统阐述了"共享经济"的理念，把"共享经济"按方式分为若干阶段。首先表现在代码的共享（如Linux）；其次是生活的共享（如 Facebook）；第三是内容的共享（如 YouTube）；第四个阶段则是现实世界各种离线资产的共享。

他们在书中预测，美国整个"共享经济"的产值将达 1100 亿美元。杰里米·里夫金在《零成本边际社会》一书中强调了"共享经济"是"协作多于竞争"的经济，并认为这是"300 年来第一次对整个资本主义经济范式的一次颠覆"。他在书中列举了德国的实例：12% 的人通过互联网进行"合作式消费"，这一比例在 14 ~ 29 岁的年轻人中高达 25%，总的来说，"共享经济"快速发展和广泛流行的原因主要在于其具有以下三个最基本的特征 [1]：

（1）借助现代传媒作为信息平台；

（2）以闲置资源使用权的暂时性转移为本质；

（3）以物品的重复交易和高效利用为表现形式。

一方面，它借助于接近"零边际成本"的互联网信息平台和相关的社交网

---

[1] 叶寒青. 共享经济：一种新商业模式的兴起 [J]. 江苏商论.

络，在资源拥有者和资源需求者之间实现使用权共享，从而将人们的闲置资源进行充分利用。另一方面，"共享经济"的实质是物品的所有权与使用权分离，拥有物品所有权的企业或个人，以有偿方式将物品的使用权出让给有需要的企业或个人，从而能够实现"私人物品"的二次或多次消费利用，带来其价值的显著提升。从传统经济学理论"收益—成本"分析的角度来看，"共享经济"是在交易费用极低甚至为零的情况下对消费者"沉没成本"的发掘和利用，使得原有的"市场交易"边界收缩至"个体经济"，实现资源的有效利用和社会福利水平的提升。而"共享经济"这个全新的商业潮流在日益成熟的同时，"共享经济"将拥有产品变为拥有产品的"使用价值"，将人们从"占有"这个商品消费最为古老的命题中解放出来，这不仅改变了原有的大生产、大消费方式，而且对整个社会生态产生了不可估量的影响。"共享经济"更赋予人们消费者和拥有者两种角色，使人们之间的互动更加活跃，在不久的将来，共享经济连成的"网"将会触及我们生活的每个角落（表5-1）。

常用主要共享经济应用平台 表 5-1

应用平台	主要业务类型
滴滴打车	打车软件 + 配驾专车
快的打车	打车软件 + 配驾专车
易到用车	配驾专车
PP 租车	P2P 租车
AA 拼车	拼车服务
途家	B2C，收取佣金
小猪短租	P2P，收取佣金
蚂蚁短租	类似淘宝，收取佣金
爱日租	类似淘宝，收取佣金
游天下	取消交易佣金，为短租房东提供服务
Airbnb	P2P，收取佣金
Uber	P2P 租车

以房屋出租平台网站 Airbnb 和叫车应用软件 Uber 为例，Uber 在 2014 年 6 月初宣布融资为 12 亿美元，公司估值上涨至 182 亿美元，而到了 2015 年 3 月，Uber 宣布已累计融资 59 亿，估值已经超过 400 亿美元。Airbnb 在 2015 年 3 月也完成一轮 10 亿美元的融资，较上轮融资估值翻番达到 200 亿美元。这意味着，Airbnb 成为继 Uber 之后估值第二高的共享经济服务公司。共享经济的核心是提高商品和服务的效用价值。在互联网特别是移动互联网还没有发达之前，实现共享的成本非常高，甚至高于产生的效用，所以共享经济一直缺乏有效的发展模式。当移动互联网把交易成本问题解决之后，共享经济的浪潮就到来了，并开始渗透到各行各业中。

2. 共享经济带来的商业新关系

共享经济借助网络等第三方平台，将供给方闲置资源使用权暂时性转移，实现生产要素的社会化，通过提高存量资产的使用效率为需求方创造价值，促进社会经济的可持续发展。 共享经济涉及供给方、需求方、共享经济平台等参与主体。从供给端来看，每个个体或企业都可以成为产品或服务供给方，只要每个个体或企业拥有闲置资源且愿意暂时转移产品使用权，所以供给方外延扩张潜力显著，其市场容量巨大，能够形成巨大的"产能供给池"。供给方来源的动机基于提高存量资源利用率，并获取一定收益，"闲置资源—暂时转移使用权—获取收益"形成动态的产业闭环,具有内在张力和可持续性。从需求端来看，每个个体或企业都可以成为产品和服务需求方，需求方不直接拥有物品的所有权，通过租、借等共享方式满足产品和服务需求，供给方产品或服务性价比优势带来需求方获取同样服务的相对收益，形成了共享经济庞大的"服务需求池"。共享经济赋予需求方参与权、选择权和主动权，基于共享经济平台进行透明交易，降低需求方的费用支出。从共享经济平台来看，共享经济平台结合闲置资源的位置共享、应用大数据算法等精准匹配与联结实现了供给端与需求端互助互利。平台本身没有基于产品和服务本身的固定成本支出，其成本来源于共享经济平台维护等相关支出，属于轻资产运营。基于交易抽成模式的共享经济平台实现了固定成本支出的降低和交易成功率的提高，提高供给方闲置资源利用效率，满足需求方个性和定制化服务（图 5-6）。

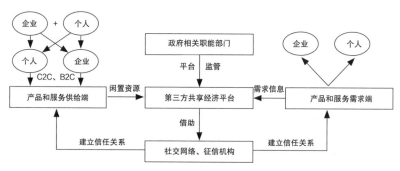

图 5-6　共享经济带来的商业新关系

这种新的经济模式如今被《经济学人》、《福布斯》等主流媒体，称为"协作经济"、"点对点经济"等。一种新的商业模式的出现，一定会对原有的商业形态产生冲击。想一想，如果消费者少购买 30% 的新产品，并且相互共享 30% 的旧产品，这对传统商业模式的冲击将不言而喻。虽然目前来说这种冲击不一定是革命性的，但必定会带来深远影响。

3. 善意——共享经济新伦理

基于解放生产力的所有创意都是伟大的。共享模式可以改变商业交互、商业关系，改变人的思维模式，改变人与人之间的关系。有人认为商业模式就是谈怎么赚钱，赚钱是商业模式中重要一环，盈利模式只是商业模式中的一部分，商业模式是一个完整的系统，是一个描述商业"创造价值、传递价值、获取价值"的系统。商业其实可以充满善意，而现代的可持续发展的共享商业更是与社会责任、信任、道德高度、环保等方面息息相关。善意商业，义利并创。"共享经济"作为一种新兴经济模式，通过依托线上互联网信息技术平台与线下个人对个人交易的高效结合，以"协同、合作、共享"理念部分代替传统商业"竞争伦理"的原有体系，体现了一种适度消费、合作互惠、相互信任的经济伦理新常态。它基于现代经济条件下互联网普及的现实情况而出现并迅速流行，在所有权明确的前提下对商品的使用价值进行重新挖掘，本质上是一种利益驱动下的生产和消费模式的重新安排。将使原有的经济伦理向更加体现"以人为本"的方向变迁，商业也不止眼前的苟且，还有善意。

（1）适度消费的善意

消费主义，作为西方发达国家普遍流行的一种社会现象，[1]"是指导和调节人们消费方面的行动和关系的原则、思想、愿望、情绪及相应的实践的总称，其主要原则是追求体面的消费，渴求无节制的物质享受和消遣，并把这些当作生活的目的和人生的价值。"消费主义价值观就是把消费当成人生追求唯一目标的价值观，倡导的是提前消费、炫耀消费，注重的是消费品的含金量和豪华程度。消费主义价值观与实用消费有着本质的区别，也尚未发展到风格消费的高度，可以说是一个很漫长的中间过渡状态。消费主义是 20 世纪初源自美国的一种社会文化现象，消费主义价值观作为这种主张消费至上的价值观和生活方式，对全世界都有广泛而深刻的影响。随着我国生产力发展水平的提高和购物空间的扩展，消费主义价值观对我国影响范围之广、程度之深也是显而易见的。目前我国已经成为世界上仅次于日本的奢侈品消费第二大国。

马克思认为，使用价值是物品本身所具有的能够满足人们某种需要的属性，它由产品本身的物理的、化学的或生物的性质所决定，使用价值是客观存在的，不以人的感受而转移。"共享经济"将消费者和拥有者的身份合一，促进人们由"消费主义"向"使用价值"回归，在适度消费的同时，引导人们重新思考经济生活的本质，为社会消费伦理提供更经济、便捷和公平的新选择。

（2）以用户为中心的善意

一方面，传统经济商业模式为客户提供的产品或服务是标准化的，共享经

---

[1] 高茜.现代设计史[M].上海：华东理工出版社，2011.

济商业模式由于供给者从商业组织演变成个体或企业，为供给方提供了大量非标准化的产品或服务，满足了需求方个性化和定制化的服务需求。共享经济赋予了需求方参与权、选择权和主动权。

另一方面，从共享经济平台来看，共享经济平台结合闲置资源的位置共享、应用大数据算法等精准匹配与联结，实现了供给端与需求端的互助互利。为客户解决了产品利用率的问题，传统经济商业模式主要为客户提供的是新产品或服务，没有为客户解决其产品利用率的问题。共享经济商业模式基于现有的闲置资源，将闲置资源使用权转移给需求方获取一定收入。增加了产品的重复使用率，实现某商品的利益最大化，并形成新的供需关系。

同时，基于共享经济平台进行透明交易还能降低需求方的费用支出。

（3）以供给方为中心的善意

传统经济商业模式供给方与需求方之间涉及供应商、制造商、渠道商等交易主体，众多交易主体带来巨大的交易成本，共享经济商业模式供给方与需求方直接进行匹配，双方直接进行动态定价，没有中间商利润侵蚀，具有明显价格优势，降低共享经济平台运行成本。传统经济商业模式企业进行大量固定资产投入，拥有大量沉没成本，企业运营成本高、转型慢，共享经济平台借助于供给方闲置资源，不需要进行固定资产投入，属于典型轻资产公司，运营成本低、转型快。

（4）对社会伦理的善意

此外，"共享经济"还有一个重要功能，就是社区文化的架构。在共享人群中依靠网络和信息载体的联系，人和人之间根据兴趣形成各自领域中的社交关系，在这样的社交关系中，人们在进行类似于"以物易物"交换的同时，也会交流各自的兴趣和对同一样物品的使用体验或感受，这样便于其他人在同一领域再次筛选出自己喜好的物品或资产。这样一来，人们因为兴趣而进行自由组合，在完成对所共享资产的消费的同时，由于趣味和社交的存在，人们将更加注重在其中的体验并乐于与志同道合的"陌生人"进行交流，形成现代化的"泛社区"人际组织结构。例如房屋共享租赁平台 Airbnb，将大量旅游者与空房出租房主联系起来，它让居民闲置空间得以利用、给予旅客不同于酒店体验的多样化住宿服务的同时，还有助于供求双方构建良好的关系及沟通网络。在平台上下通过共享、协同、合作的过程，实现了经济价值与伦理价值的统一。

"共享经济"有利于社会信用伦理改善，引导人们打破信任的"物质隔阂"，促进构建相互更加信任的社会信用伦理新规则。信用伦理是经济伦理的重要组成部分，正如中国的传统理念"人无信不立"，一个运行良好的信用伦理体系是保证经济交易高效率进行的重要保障。如前所述，当下的消费伦理充斥着"以物为主"的消费倾向，一旦人和人之间的社会交流以物质为纽带，就会导致社会信任出现一层特有的"物质隔膜"，引发社会信任的变质和滑坡，经济社会呈现出"陌生人社会"的特征。而"共享经济"要求人们在平台信息的基础上，进行线下交易，这种交易能够存在并快速发展的原因，是它便捷、节约费用的经济性对人们的吸引。"共享经济"从信用伦理上是对个人信任度的一种挑战和重建，并将推进信用体系的信息化和规范化。"共享经济"使得人们重新认识和看待信任关系，没有陌生人间的充分信任和高效的信用运行体系就没有"共享经济"。

审美——美学经济力

美学经济现象的产生可以上溯到原始社会，十万年前山顶洞人的遗物中，就有了穿孔的兽齿和用赤铁矿染红的石珠，这属于最早的单纯美学。四五千年前的仰韶文化，考古学上又称作彩陶文化，绘有彩色的陶器就是最早的实用美学。在人类发展之初，就已经有了美学现象和美学经济。随着经济发展和生活水平的提高，人们对美的体验的需求日益强烈，"美学经济"由此应运而生。美学现象也就变得越来越普遍，并且在经济中的地位也越来越重要。在中国历史上，文人骚客的诗、词、歌、赋，能人巧匠巧夺天工的众多不朽之作，都是美学产品。皇家宫廷经济，无论从衣食住行的任何方面说，都主要是美学经济。因为他们的衣食住行已远远超出了满足生存的需要，单看一个"满汉全席"，其花费就不好以金钱来衡量了。可见在当时，实用美学经济在整个经济中的地位已上升到何种高度。

1. 美学经济的内涵

美学经济，以生活美感和创意为核心内容，向消费者提供深度体验与高品质的美感，使消费者以愉悦为目的获取收益的新型产业。美学经济的本质在于：在美学经济环境中，商品成了美的附属品，商家将由美产生的深度体验和心情的愉悦作为产品，以某种载体承载并进行销售。"十年河东，十年河西"，世界经济已经从制造经济与管理经济快速转向美学经济与创新经济。20 世纪 80 年代索尼的创新产品"walkman"销售 3 亿台，卖了 30 年，1996 年乔布斯重返苹果公司执掌大权以来，苹果"ipod"只卖了 1 年就达到同样的销量。亚洲的成功案例也一样，1996 年李健熙子承父业执掌三星公司大权，提出"三星设计革命元年"的口号与策略，不为日本公司"OEM"贴牌制造，而是自创品牌、自主设计，用 10 年时间就把索尼抛到了后面，现在三星已经基本把日本的品牌都超越了。现在的世界经济版图中，国家不论大小，都在讲国家竞争力的强弱与国民生活幸福指数的高低，世界上人口竞争力最高与国民生活幸福指数最高的国家一直是芬兰、丹麦、瑞典、挪威、瑞士等北欧小国，以北欧的岛国丹麦为例：吃的有曲奇，玩的有乐高，听的有 B&O 音响，读有安徒生的童话，坐的有汉斯·威格纳等大师的椅子。美国的体育产品"耐克"，在本土只有一个体育研究设计院，"耐克"所有的制造环节都是在第三世界生产，我们缺的就是一个品牌符号"√"，我们缺的是无形的资产。改革开放 30 多年，中国产生了许多的亿万富豪，他们有些现在正在把财产转移到国外去，却没有在中国留下多少有价值的品牌。国外的企业在制造亿万富豪的同时，都带来国际名牌的创造与国家形象力的提升，从"微软"到"Google"，从"苹果"到"三星"都是如此。未来我们卖什么，越来越多的产品不是卖价格，你去买苹果的 iPhone10、买"LV"的包（"LV"的包全部都是合成革的，没有真皮）几乎没有讨价还价的能力，他们卖的是设计，是产品故事。一个特别经典的案例：中国是丝绸的发源地，中国大量生产制造的丝巾的价格的是 30 至 50 元人民币一条；法国"爱马仕"的丝巾没有低于 3000 块的，每一款爱马仕的丝巾都是有故事的：设计师的名字，用什么设计元素，是什么型号的限量版，每一款爱马仕的丝巾都有一个小画册，讲述每条丝巾的故事。所以我们要反思，像星巴克一样，你去星巴克听爱尔兰音乐，感受午后的阳光，把咖啡变成了文化产业。三个美国年轻人在美国的西部小镇收购了一个小咖啡馆，把它打造成设计创新与体验经济的品牌，在星巴克成功的背后，"全球创意小组（global creative team）"是星巴克最重要的设计与创意团队，这 100 人的团队是整合设计师、作家、客户与经理人的创新团队，这个团队负责主导全部的星巴克设计、广告与营销元素，"星巴克"有一套完整的创意与设计流程，为总结其设计创新与流程管理的概念，"星巴克"创始人舒尔茨写了《"星巴克"一切与咖啡无关》。

这就是历久弥新的文化内涵与品牌精神。成功的设计能够架起企业与消费者之间的桥梁，通过设计将品牌内涵很好地传递给消费者，形成有效的沟通与互动。让消费者购买到一种美的体验时，是在花时间享受商家提供的一系列值得记忆的美的感受。

2. 美学经济的特质

美学经济与现在常见的美学营销不同，美学经济与传统的服务业也是有区别的。

美的体验不是商家直接给的经济提供物，也就是说，提供物的提供者——商家是无法直接生产美的体验这种产品并提供给顾客的。商家只能提供美的体验的载体，而美的体验本身只能是由消费者自己产生并被自己消费。

所以，美的体验一定就具有了个体差异性，这种差异来自消费者情绪、体力、智力等方面。这些方面达到某一特定水平时所产生的美的感觉，从而产生精神和心理上的愉悦，这种精神和心理上的愉悦从本质上说是个人化的。美的体验对于不同消费群体是存在差异的。消费者由于文化背景、受教育程度、兴趣爱好的不同，即使面对相同的情景（事件、物体或环境）也不会得到完全相同的美的体验。因此，商家应对不同消费群体进行针对性分析，提供与之相适合的美的体验的产品。

美的体验是一种浸入式的，传统上美的愉悦来自真实的自然，如海边漫步，但并非所有美的体验来自于自然，它也可以通过模仿来创造，或是介于两者之间，使消费者体验置身某一情景中欣赏环境或事物的美，从而产生出美的感受。美的体验的提供物无论是怎样产生的，消费者所产生的美的体验都应该是真实的，美的感觉不存在模仿性。因此，商家在提供美的体验时，应以表现出环境或事物的本来面目为原则，只有这样，消费者才会沉浸其中并感受到由美激发的愉悦。被动性和参与性美的体验是消费者对环境或事物被动参与而产生的个人心理感受。一方面，美的体验是由外界环境或事物诱发而产生的，消费者是被动的接受者。每个消费者作为观众或听众对环境或事物极少或根本没有产生影响。另一方面，美的体验是对环境和事物的感性认识，消费者只有参与并置身于体验的现场才会产生。因此，这要求商家应尽力把消费者和为他们提供的体验提供物联系起来。

3. 美学经济力的实践模型

从商品层面的实践来看，创造典藏新价值以及品牌艺术衍生品的经营趋势，至今已成为主流。产品层面衍生是指企业在原有品牌和市场的基础上开发出与先前产品类似或有所区别的新产品；产品层面衍生主要集中在设计领域，尤其集中在产品开发设计领域，通过衍生设计，可以延长产品的生命周期，凸显产品的优秀品质，进一步赢得受众的认可，维护企业核心产品的美誉度和提高企业的核心竞争力。这实际上是一种品牌延伸策略，指尽量用成功的品牌来推出新产品，新推出的产品称为延伸产品。例如，台北故宫畅销的创意商品"朕知道了"纸胶带。2013 年夏天风靡整个中国台湾的"朕知道了"纸胶带，正是源自清代康熙皇帝的真迹复制品，对台北故宫而言，康熙皇帝的真迹作为文物延伸的复制品，需建立在数字化基础上来进行图像授权，经由复制传播的实践结果，更加落实"Old is New 时尚故宫"的故宫品牌理念，严谨的授权流程让故宫品牌稳健地生产出更优质的创意商品。据统计，单就 2013 年，台北故宫就进账 9 亿元新台币，直逼门票收入的 10 亿元新台币。

从媒介层面的实践来看，文化因媒介能快速传播，媒介文化就像空气般注入受众的日常生活，媒介的传播更成为一种管道，能使受众正确获取信息、知识以及文化思想。媒介所传播的形式趋向多元，娱乐化形式更容易达到传播文化的效果。比如：以博物馆为例，是历史记忆与文化传承的载体，也可以是传播的展示剧场。当博物馆成为剧场，本身的功能被重新定义，博物馆的功能也能整体扩大成可传播的媒介工具。近年以电影来说，2003 年大陆导演周兵拍摄的《故宫》大型纪录片及 2006 年拍摄的《台北故宫》这部纪录片，不仅让人迅速了解两岸故宫的历史渊源，而且加深了人们对两岸馆藏文物的认识。美国国家地理频道更购买《故宫》国际版特辑的海外独家代理授权，以故宫为基础改编成《解密紫禁城》，于全球 164 个国家播出，全球约有 2.9 亿人收看。台北故宫首度以出资人的角色拍摄电影，开启故宫最神秘的山洞库房作为拍摄场景，前后一共拍摄三部以故宫为场景的电影，分别为王小棣执导的《历史典藏的新生命》、郑文堂的《经过》、侯孝贤的《盛世工匠的记忆》。2011 年，台北故宫以馆藏名作元代黄公望"富春山居图"作为电影《天机：富春山居图》故事的来源，故事背景主要以 2011 年 6 月于台北故宫合璧展出的大型展览事件为由，并延伸虚构。2016 年，纪录片式电影《我在故宫修文物》用一种年轻的视角望进古老故宫深处，通过文物修复的历史源流、"庙堂"与"江湖"的互动，近距离展示了稀世珍宝的复活、修复师的修身哲学。故宫成为影视拍摄的重要场所和背景，故宫本身更成功地成为舞台的表演场域，其不仅能作为纯粹的展示空间，也能有剧场化的发展倾向。

从数字化层面的实践来说，互联传播技术的不断更新，大众对于互联网和移动技术应用的需求日益广泛。传统核心地位正在被动摇，而关系建设成了新的基点。过去以传统大众媒体为中心的"点对面"的传播模式正在向以"社会网络"为基础的网状传播模式转变。传统媒体重视内容的独创性，数字媒体和移动媒体发展之初也延续着"内容为王"这一传统媒体思想。但是，数字化内容复制和传播成本极低，原创源头判别困难，只重内容本身而不考虑如何有效地传播内容也成为网络专业媒体发展中的一个重要障碍。如今的数据技术使保存、记录的工作更加精确，通过制作大型虚拟影像作品和虚拟展厅使更多的人得到信息。不仅有 3D 互动多角度视野，更有数字化管理建档。

随着"制造"向"创造"的转变，"制造经济"也向"美学经济"转变。特别是在美学经济时代，从世界范围看，凡是经济发达的国家都在发展创意设计产业和创新商业模式，它们不仅为企业带来高利润，为国民带来高收入，最重要的是，它们难以被竞争者复制，能真正为国家或地区带来长期繁荣，如德国的高端制造业、巴黎的时装业、意大利的家具业，美国的硅谷科技产业等。可以预测的是，今后的国际竞争将不再体现于产品制造的数量，而是设计创新能力，只有掌握了设计策略与创新模式，才能成为这场全球竞争中的最后胜出者。

时间——生活方式变迁

人类的时空概念是"宇宙"。宇——空间，宙——时间。人使用了普罗米修斯偷来的天火，也偷了上帝的禁果。那条蛇还告诉我们究竟有什么样的未来了吗？时间更迭是一条直线还是往复循环？谁能抓住时间呢？也许，谁抓住了时间也就占有了空间。

工业设计的诞生和兴起，是造物史上第一次主动将人的需要与产品的使用方式、材料、结构、工艺技术以及流通方式，从自发提升到自觉。

1. 生活方式对于设计的作用与反作用

生活方式，是一个内容相当广泛的概念，它包括人们的衣、食、住、行、劳动工作、休息娱乐、社会交往、待人接物等物质生活和精神生活的价值观、道德观、审美观以及与这些方式相关的方方面面，可以理解为在一定的历史时期与社会条件下，各个民族、阶级和社会群体的生活方式。

生活方式具有鲜明的时代性、地域性和民族性，通常反映个人或群体的生活习惯、行为模式、心理特征以及相关的文化。不同的社会、不同的历史时期、不同阶层和不同职业的人，有不同的生活方式，而这种生活方式又会反作用于一个人的思想意识。生活方式的形成影响着一个人的行为模式和社会态度，反映了一个人的价值观念。这样，设计与人们的生活方式必然存在着密切的关系。

首先，一件产品是人们生活的主要载体，承载着其特定的生活方式。人们生活中，许多行为的产生都依附于产品来实现。这些行为伴随着时间的推移而慢慢演化为一种习惯和固定模式即生活方式。文化的价值观念和风俗习惯以或显或隐的方式发送和表达出来。在暗示人们使用的同时，还微妙地规定了人们吸收、整理、解释和理解产品信息的具体方式和程序。这就是说不同环境和不同文化影响下的人会选择的产品，是根据自己的价值观念和风俗习惯对产品作出解释和评判。反之，生活方式制约并规范着产品的设计。人具有不同的生活方式、习惯和行为，必然要求不同类型、不同特色的产品与之相匹配。同样，产品为人们活动提供了人性化的体验，此时，人们的行为大多数处于放松状态，其不同的反应和行为更多受人类本能和习惯性需求的驱使。而这种本能和习惯性需求正是人们生活方式所展现的。正如现代，可持续的理念和生活方式被重视，节能环保的意识已经逐渐普及到人们的生活理念，成为当今设计界的潮流和主旋律。交通产品是当前能源消耗的最主要根源，在这个背景下，逐步发展形成的用新能源代替常规能源的思潮。下面的案例是"宝马 i8"的设计（图5-7）以及太阳能充电车棚——"I solar carport"（图5-8）。

图5-7　宝马 i8　　　　图5-8　太阳能充电车棚——"I solar carport"

宝马设计团队设计的太阳能充电"I Solar Carport"车棚由竹制的骨架、太阳能光板和可充电平台三个主要部分组成，可以在家或者公司同时安装使用。使用者方便在传统充电或者太阳能充电两种充电模式中任意切换。使用者能够通过观察显示器了解传统充电和太阳能充电模式下汽车的行驶距离和充电时间等相关数据，便于使用者在相应情况下调整充电模式。更具有亮点的是，它采用了更加优异的太阳能部件，最大化提高了太阳能转化为电能的效率，真正实现零排放的生态系统设计，车棚已经采用全新的、简洁的、透明的充电模式，为我们的生活带来了一种全新体验的同时实现了零排放的车棚设计。设计研发团队开发了宝马首款电动跑车"i8"，在电动跑车与太阳能车棚的结合下实现汽车领域新的发展思维，为人类生活方式提供了一种全新生活方式，也为维护生态系统作出了努力。

2. 生活方式变迁下的设计

工业革命实际上是一场生产方式的革命，生产方式的改变直接导致了人们生活方式的改变。物质生活的生产方式制约着整个社会的政治、经济和精神生活。工业大生产的生产方式，使人们的生活基本上完全受到机械化生产的影响。出现以城市为中心的生活方式，它的特点主要表现在生产效率得到提高，生产时间相对减少。于是，部分时间可自由支配，生产活动从此和生活活动分离开来。社会所创造的物质财富不仅可以维持生存，并开始朝着享受生活的方向发展，甚至出现了闲暇时间超过工作时间的历史性转变，生活方式在社会发展中地位大大上升。在工业化大生产下，技术、生产效率的提高，大量工业产品不断涌现出来，带来了潜在的、巨大的消费市场。人们通过劳动交换用货币去购买商品，从而把个人生活的消费行为纳入为巨大生产体系中的一部分，机械而重复地进行这一动作。商品消费成为一切社会生活中最基本的生活行为，社会生产依附于商品的消费而进行。我们可以看一个大量生产和大量消费中与设计有关的例子，这就是福特"T"型轿车的传奇故事（图5-9）。

图 5-9　福特"T"型轿车

在汽车生产领域，美国常常站在世界的尖端。比如，1908年推出的福特"T"型轿车，在一年后的1909年就已年产超过10000台。亨利·福特的理想是制造价格便宜的汽车，只要具有汽车的运输功能就行。因此，他首先在汽车的制造中导入了生产流水线，使汽车制造成本降低。没过几年，1913 年福特汽车称霸于世界的汽车制造业。1924 年出售的福特"T"型车的价格是 290 美元，是当时其他轿车价格的十五分之一。福特"T"型轿车首先成了功能主义美学典范，销路一路攀升 [1]。

第一次产业革命后，经济活动的产出开始增加。消费在人的生活中开始扮演极重要的角色。人们消费的范围更加扩大，消费方式和生活方式都随之发生变化，人们开始追求更多样化的、更能满足心理的商品。同时，需求的扩大化使得生产活动也扩大化，物品的极大丰富吸引着消费者，消费者也为生产提供动力，社会生产和消费活动成了最基本的社会循环链。在生活条件改善和经济迅猛增长的基础上，消费者对于商品的要求也变得多样化和全面化，不仅是使用功能和生理满足感，也对价值功能和心理满足感提出了要求。消费者的新欲望悄然而生。消费者在满足汽车的运输功能后开始把注意力集中到了汽车的外形上。GM 公司很快注意到了这个问题，他们将自己的汽车定位于消费者对外形的追求。针对需求，GM 公司组建了团队，专门对汽车外形的流行方向作研究及引导。1927 年，福特"T"型车因 GM 公司强有力的挑战停止了生产。

其后，由于经济和科技的不断进步，人们被设计产品影响着，各式各样设计从人类生活的方方面面引导着大众和使用者，进而被设计赋予了其所传播的价值观和生活方式。科技的发展，新材料的应用，产品的可能性被一步步放大。用于商业目的的、采用最新的技术、材料的高科技产品设计包含高附加值的创新设计活动。科技与设计自始至终伴随人类社会的发展，互联网与科技高度发达的今天，设计的目标、标准以及设计方法都有了相应的发展与变化。设计师在设计的过程不仅要重视产品的形态，更需要关注新技术、新材料的发展现状，加以结合运用到设计中，为人类提供更好的服务。产品设计竞争空前剧烈，其中获取市场需求的关键点就在于高科技的优先运用，为产品提供更加优异的性能，以便为用户提供更好的用户体验。"互联网生活方式"、"绿色生活方式"应

---

[1]　高茜. 现代设计史 [M]. 上海：华东理工出版社，2011.

运而生，纸质书籍、纸质货币逐步被互联网产品取代，我们只需拿起手机轻轻一点便能实现。高科技产品下最突出的特点就是产品由物转向非物，虚拟产品成为当下设计界的顶端科技。智能化的设备，声控、触控等新的操作方式出现，简化了操作步骤，但能使用户能体验更多的快乐。科技为社会提供了巨大的发展动力，科技通过设计呈现的产品为人类创造了更加舒服、和谐的生存环境。例：HoloLens 是微软旗下的明星级产品（图 5-10），微软全息眼镜跨越了现实，你可以通过全息眼镜拥抱虚拟现实和增强现实技术，创建一个新的混合的现实世界。虚拟现实中你会沉浸在一个模拟世界中，通过增强现实覆盖数字信息在你的现实世界，如图 5-10，它会识别你周围的环境，混合现实使全息图看起来、听起来像你的世界的一部分。使用过程中眼镜会追随你的移动和视线，根据你的现实世界生成适当的虚拟场景，以光线的介质传输到视网膜。你还可以以手势的操作与虚拟现实三维对象进行互动，这个过程中可能需要很多硬件的协助，生成更多生动形象的视觉效果。全息投影的技术可能会替代传统的键盘与触摸的传统交互方式，形成一种更好的人机交互体验。我们可以想象一下，分居两地的恋人在聊天时的情景，她的一举一动，每个脸部表情都会被虚拟现实还原，仿佛两人在一起的感觉。我们也许不会为电脑维修而煞费苦心，可以通过与技术人员的沟通模拟真实场景，可以相隔万里对设备进行维修服务。这种全新的技术听起来就觉得很科幻，但是技术的不断进步或许在不久的将来，能为我们带来全新的生活方式。

图 5-10　微软全息眼镜 HoloLens

如今，物质产品的极大满足使人们对生活状态的关注度日益增长，对自我的重视程度也不断提高。商品本身的意义已经不能满足人们购买时的需求，不满足于商品本身的存在，而开始希望在消费商品的同时，能购买到商品本身和生活的融合度。换言之，设计本身的重要性已经超越单纯的功能使用。2004年，日本的高端自行车零配件公司 Shimano 发现其在美国市场的销售量已不再增长，这使得他们产生了危机感。于是，Shimano 联合 IDEO，希望通过设计来寻找新的增长点。经过第一阶段的市场分析和用户研究，IDEO 发现在美国90% 的成年人不骑自行车，但几乎每个人在童年时期都骑过自行车。这被认为是一个巨大的潜在市场，而找到美国成年人不骑自行车的原因是进行下一步设计的前提。自行车制造商一直以为用户购买自行车是为了实现锻炼身体的目的；希望自行车具有很高的科技含量，无论从造型或者使用方式上都能体现这一点；不骑自行车的人是因为他们懒惰，觉得开汽车更舒服。但是，通过应用人类学方法对潜在用户的研究，IDEO 的四点发现彻底推翻了上述这个看似合理的解释：

（1）相当一部分不骑自行车的成年人对自行车其实有着特殊的感情，因为他们都有过与自行车有关的童年记忆；

（2）多数人并不希望穿着紧身的运动服在街上骑自行车，他们希望可以穿着便装，更休闲地享受自行车带来的乐趣；

（3）高科技感的设计让他们感到头疼，而零售人员却在商店主要针对自行车的科技含量进行介绍；

（4）专门的自行车车道比较少，他们觉得在公路上与汽车同行非常危险，他们不知道在哪里骑自行车是安全的。

基于这些研究发现，IDEO 的设计人员发现他们似乎并没有费脑筋地为 Coasting 思考创意，一切创意已在眼前。Coasting 是一个全新的自行车种类，一种简单、舒服且有趣的自行车种类。它看上去有些怀旧，而且重新采用了过去在美国使用多年的倒转脚踏板的刹车方式来唤起用户的童年美好记忆，以此来建立更好的人与产品的关系。Coasting 虽然也采用了最新的自动变档技术，但并没有将这个技术放在表面，用户也看不到任何高科技的特点。随后，Shimano 联合 Trek、Raleigh 和 Giant 共同将 Coasting 这个新的自行车种类推广上市。此时，传统意义的产品设计已经完成，但是 IDEO 的设计团队并没有停止。IDEO 针对 Coasting 进行了零售服务体验设计。在美国的自行车零售店里，店员大多数都是对自行车技术和零配件痴迷的男性发烧友，他们介绍自行车的方式主要是自我陶醉地强调一串串零配件代号及其科技含量。IDEO 为他们开发了培训手册，让他们明白在介绍 Coasting 时的零售体验战略。随后，IDEO 又为 Coasting 开发了网站。通过该网站，用户可以了解到在哪里有自行车的专用车道，在哪里骑自行车是安全的。除此之外，他们还向地方政府提出开辟自行车专用车道的建议，并联合政府、制造商举办了以 "Coasting" 命名的休闲类自行车专题活动来推广 Coasting，形成完整的服务型设计的新方式，满足了人们对产品体验的追求。

在这个知识密集型的时代，文化与社会、文化与市场日益密切，文化凸显的作用也愈发明显。从企业的角度来讲，产品绝不仅仅拥有使用价值，更在于满足人们的精神文化需求，力求将使用价值与文化价值有效融合，凸显产品的人性化设计，以获得用户体验的认同感。每个地区、民族都拥有自己民族文化的内涵与特色，法国的浪漫、时尚，美国的自由、随意；德意志民族的严谨，中华民族的深邃、人与人的和谐共处等。设计的全球化发展是不可避免的趋势，导致产品泛白无力、同质化严重，让人们对文化有了更多迫切期望，注重文化设计能够使用户在体验中感受产品的形式美、功能美的另一番韵味。在文化多元化的过程中注重设计的文化含量，促进人们的审美品位的不断提高。例：yehidea 水滴壶茶具两代套装，（图 5-11），由北京耶爱第尔设计公司创始人叶宇轩主持设计。灵感源自中华传统文化：上善若水，"水势趋下，顺势者浮，逆势者沉；水性柔弱，江河容之则为江河水，大海盛之则为海水"。水滴是自然的产物，生命的源泉，形态虽小却包容着世间万物的精神寄托。水滴，虽有着柔和的外质，却是寓刚于内，是有恒心、有耐心、有信心的代名词，是勤奋、奉献、诚信、光明的代表。将水的寓意和精神文化运用进茶壶的设计中，不仅满足了人们基本的物质需求，更促进了民族文化的传承与发展。水滴壶去掉了传统的把手设计，

图 5-11　yehidea 水滴壶茶具两代套装

采用 Yehidea 独家双层中空技术制作，代之以手掌握，却温润而不烫手的设计，让你掌握瞬间享受当下情谊，呈现当代茶道之新东方简约美学的品味。

　　因此，设计可以说是被生活改变、推动进行的，并在不断变化中的生活方式下蓬勃发展，甚至反作用于生活方式的引导。消费活动带动了经济风起云涌的发展势头，高速发展的经济状态下，人们把拥有高端产品和所谓的文化积淀丰厚的产品作为生活的最终目标。从某种意义上来讲，设计在生活中扮演不可替代的作用，推动了社会的长足进步。面向现代社会的设计越来越趋向于科技化，产品设计承载了人类精神文化的寄托于传承。如何利用设计，使产品更顺应人类本身，顺应自然环境，如何将人文精神、艺术、经济进一步与自然融合在一起，是新的生活方式的要求，也是设计对生活方式的能动影响。总之，人们的生活方式经历了更进一步的转变，包括人们的生活习惯、思维方式和生活状态，促使着人们朝更顺应自然的方向前进。

第六章 超以象外——从本质中解决问题

　　柳冠中教授创立了"设计事理学",主张设计的出发点是"事",而结果是"物",设计的目的不是提供一种造型,而是给人合理的、健康的生活方式。"万变不离其宗",设计解决的是人的衣、食、住、用、行、交流等生活需求,而不是制作房子、车子、票子等物品,当然,重新规划人的生活方式光靠设计师一个工种显然是不行的,所以,设计师更像一个组织者和整合者。

　　中国传统哲学讲"工欲善其事,必先利其器"。[1] 设计最终的目的是"善其事","利其器"只是手段,停留在"利其器"的阶段就会追求功利。一提到好的设计只想到引进最先进的技术和设备,所谓"杀鸡焉用牛刀",所有的工具都服务于人,不是主体,追求工具就本末倒置了,所以设计首先提倡的是实事求是。外部环境不一样,设计就不一样,需求不同所以设计不同,要研究限制。限制绝对不是内因,而是外因,包括时间、地点、环境、消费者等。造物是为了让人们的生活更有意思,设计不能忘记主体。一个马扎和一个密斯·凡·德·罗的椅子哪一个好?绝大多数人肯定说密斯·凡·德·罗的椅子好,从设计的角度这一回答就错了。设计师应该追问在什么情况下做比较,上海世博会热门展馆排队总不能扛一个密斯·凡·德·罗的椅子,这时候马扎就更加好。"好"是比较级,是相对的,是有前提的。"好"和"不好"、"美"和"不美"都不是简单的事情,做的事情不一样,需求不一样,评价点就不一样。

---

[1]　柳冠中.事理学论纲[M].南京:南京大学出版社,2006.

突破习惯性思维——发现功能本质

设计大师沙利文有一句名言："形式追随功能"。青蛙设计公司也有一句话：形式追随激情。这两种表达方式都有一定的道理，作为一件产品，其存在的基本价值就是它的功用性，顾客购买产品，是购买产品具有的功能。产品只是功能的载体，是功能的实现方式。《辞海》中对"功能"的解释是："一为事功和能力，二为功效、作用"。产品设计的目的就是为了某一种"用"，为了实现"用"这一目的可以有多种方式，很多学生经常拘泥于现有的使用方式和产品造型创意，很难跳出既定思维的怪圈，以至在产品的造型上很难有新的突破，产品功能定义法可在这方面开阔思维。

1. 何谓产品功能定义

为功能下定义就是将用户所需的和产品提供的各种功能用科学的、简练的、准确的语言进行描述的过程，这是对产品和人们需求进行本质的抽象[1]。通常情况下，我们认为对产品功能定义是一件很简单的事情，实则不然，对产品的功能定义是很困难的一件事情，一旦定义不准，就会影响设计思路的展开，所以，产品功能定义需要一定的技巧和方法，才能准确地、科学地、简洁地定义产品功能。在功能定义方法中，功能是一种抽象化的概念，经过设计人员和教育工作者的多年研究，总结出了一个基本的方法，那就是：原则上可用一个动词加上一个名词来表达，即功能＝动词＋名词。这样的组合其实就构成一个动宾短语，如果该动宾短语不能准确表达产品基本功能，允许在宾语前加一个形容词进行修饰和限定（表6-1）。

---

[1] 刘吉昆. 产品价值分析 [M]. 黑龙江：黑龙江科学技术出版社，1996.

产品功能定义法　　　　　　　　　　　表 6-1

产品	功能定义（动词部分）	功能定义（名词部分）
坐具	提供	支撑面
洗衣机	清洁	衣物
镜子	提供	（镜像）平面
电熨斗	提供	（热）平面

　　以上就是关于产品功能定义法的简单论述，但是对于一件产品来说，很多都不仅只有一种功能，大多情况下，产品都会集几种功能于一身，但不管一件产品有几种功能，至少有一种最基本的功能，是为达到其使用目的必不可少的主要功能，产品只有具有了这方面的功能才会有存在的价值，不然就是一件失败的产品。如：坐具之所以称为坐具，必须能提供支撑面，不管支撑面是平面的、曲面的、支撑面面积大小如何。产品除了基本功能外，有的还有辅助功能。不管功能是基本的还是辅助的，在进行产品功能定位时，都可采用动词加名词的方法进行定义，以扩展产品造型设计的思路，设计出新颖的产品造型。

　　通常来说，现有产品只是实现用户所需功能的方式或手段的一种形式。也就是说，还存在着许多其他的方式可以实现同样的功能。所以，我们可以进而在多种方式中，选择最优方案。为此，对现有产品进行本质的认识是非常必要的。而功能的定义就是对产品进行本质抽象的过程。我们可以通过它把握产品的所有功能，看它是否都是用户必需的。

　　用户的需求是产品存在的依据，而人们所能看到的只能是其中一种表现形式——具体产品。功能定义分析就是把以事物为中心的研究，转变到以功能为中心的研究上来。将功能和实现这种功能的具体结构和方式分离出来，从而找出用户到底要求的是什么样的功能，以便以新的方式去实现。

2. 功能定义的步骤

对于一个简单的产品来讲，功能定义并不需要有特别的前后顺序，可以从任何角度、任何一个方面开始，一般都不会引起混乱。比如对杯子、剪刀、座椅、桌子等的定义过程就会很简单。然而，一个复杂的产品，在功能定义时需要一定的技巧。

首先，弄清产品目的，是给功能下定义的前提。所谓产品的目的，也就是用户最基本的需求。

然后，要明确产品的整体功能。产品的整体功能实际上也就是产品的最基本功能。但它与产品的目的往往是有区别的。产品的目的要规定产品功能的其他方面和产品的实现方式；而产品的基本功能，则只满足消费者或用户的使用目的。比如，电熨斗的产品目的是使衣物定型，而电熨斗的基本功能则是提供热面。又如，电烤面包机的用户需求（或产品目的）是自动烤制面包，而产品基本功能则是产生热量。

第三，在功能总体定义的基础上，自上而下逐级地给产品的各构成要素明确功能定义。确切地说，也就是给产品的零部件下定义。比如，书桌的基本功能是提供（书写）平面，而桌子腿（如果有的话）的功能，则是支撑重量。

最后，找出那些既不属于产品整体功能，又不属于零部件功能，而是由使用条件、使用时间、使用环境（使用限制之类）所规定的那些功能。如暖水瓶的基本功能是保持温度，它的外壳的功能是保护内胆。但是与使用有关的一个功能是放置（保持）稳定。当然，它可以回归属于外壳的功能。但如果暖水瓶放置地点不同（如桌面和野外），它的这个功能也应有所差异。而保持稳定和保持温度没有因果关系，甚至也可能有时不需要保持稳定。

3. 功能定义的方法

功能定义虽然原则上可以用一个动词加上一个名词的动宾结构来表示，但是功能定义并没有十分简单的定式可循。功能定义的质量好坏，有赖于价值分析人员的知识结构与经验。一个好的功能定义，可以使人们更为清楚和明白其中的内涵，而不至于发生误解。此外，使功能整理和功能评价更为方便、顺利。

（1）功能定义时使用的动词和名词的词意要明白，功能内涵和属性要准确。如自行车尾灯的功能可以描述成：改善安全、提醒注意，或者显示车尾。三种描述的目的都是在夜间自行车行驶时，使后面的对象能意识到自行车的存在，而增强行驶的安全性，但这三种功能定义的效果不同。

当定义为"提请注意"时，意味着可以使用声音、运动、闪光、旗帜等等各种形式来实现功能。而"改善安全"这一功能定义则提示，可以建构特殊的自行车道路，使用安全装置（如安全帽）、缓冲器等。虽然上述两种定义可以使人们开阔思路，但是它离开我们所要研究的自行车局部功能甚远，不利于集中精力解决问题。

第三种定义是"显示车尾"，其目的也是安全行驶，但其意义已经确切多了。"显示车尾"，也可以有多种方式，如照亮车尾，发光显示等，但都是使车尾局部明亮，以使后面的对象注意的方法。

（2）功能的抽象化。功能的抽象化是指功能定义中的动词部分要尽可能地抽象，以便在方案创造时，引导出更多与现方案完全不同的构思或实现方式。功能抽象只是规范功能的动词部分，而不是全部，只是要求功能定义中的动词要有更广泛的范围，而不是意味着用词含糊不清。

功能抽象化的目的，就是要避免功能定义时受现行方案的约束。如果所表达的功能直接能与具体的事物相结合，那么这样的功能定义是不恰当的。所以，功能定义动词部分的抽象是十分有意义的。比如：车床可以描述为"车削零件"，这无疑让人联想起车床这种工具，很不利于摆脱车床的加工方法而设计出新的方式。但如果用"加工零件"来定义则要好很多，因为，对零件的加工不仅可以采用车削方式，还可以采用别的方法。在此基础上，我们进一步把车床定义为"制造零件"，那么更多的加工形式被包括进去。于是，可供最后优选的工艺构思方案，也就会变得更多。再比如，卡车的功能是"运送货物"，如果变成"移动货物"，就会有更加广阔的创造空间。

（3）功能定量化。功能的定量化，就是功能的具体化。它虽然与功能的抽象化相对，但他们所指的功能对象是不同的。功能具体化的对象并不是指功能定义中的动词部分，而是指功能定义中的名词部分。

功能定量化，是让功能定义中的名词部分尽可能地具体，直到能定量量度为宜。其目的就是有利于后面的功能评价。例如：暖水瓶的功能是"保持温度"，而"温度"这个词汇是非常量化的。由此，我们可以定出许多标准，作为功能的水平和产品的性能（如一昼夜水温保持在 70 ~ 90 度之间）。但如果我们把它的功能定义为"贮存热水"，则就不太理想了。因为热水的概念非常模糊，不易掌握。

4. 整理产品功能切入产品设计

所谓功能整理，是指用系统的思想，分析各功能之间的内在联系，按照功能的逻辑体系编制功能关系图（关联树图），以掌握必要功能，发现和消除不必要的功能。

在设计对象的许多功能之间，存在着上下关系和并列关系。功能的上下关系是指功能之间的目的和手段的关系（即目的功能与手段功能）。我们把目的功能称为上位功能，把手段功能称为下位功能。功能的并列关系是指在复杂的功能系统中，为了实现同一目的的功能，需要有两个以上的手段功能，即对于同一上位功能，存在着两个以上并列的下位功能。这些并列的功能各自形成一个子系统，称之为"功能领域"。

按照上述目的与手段，上位与下位的功能关系，以及功能之间的并列关系建立起来的设计对象的功能体系，就是所谓的逻辑功能体系，用图形表示就是"功能系统图"。

在现代设计中，设计对象及其构成要素所定义的功能数很多，尤其是复杂的大系统设计，因而，进行功能整理就必须要有良好的方法。目前国内外普遍使用的一种方法，称为"功能分析系统技术"，其步骤如下：

（1）编制功能卡片

把设计对象及其构成要素的所有功能——编制成卡片，每张卡片记载一个功能。卡片上标明要素名称、功能名称。

（2）选出基本功能和辅助功能

当功能卡片数量很大时，首先抽出基本功能，只连接基本功能的相互关系，由此搭建成功能系统图的主要骨架，然后再连接辅助功能的系统图。

（3）明确功能间的上下、并列关系

第一步，通过向任一基本功能卡片提问"它的目的是什么"、"实现它的手段是什么"来找出他们的上下位关系，并以此类推继续对找出的卡片提问，直至找到最终的目的功能和手段功能。第二步，对剩下的辅助功能卡片提问"它的目的是什么"、"实现它的手段是什么"，进而明确它的上、下位功能，并分别排列在相应的位置上。

（4）做功能系统图（关联树图）

根据以上确定的功能之间的上下、并列关系，把上位功能画在左面、下位功能画在右面，并列关系的功能并排放，从而画出功能系统图（图 6-1）。

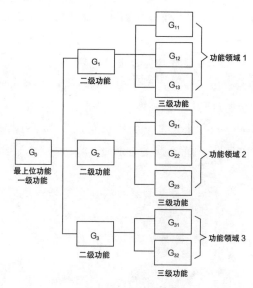

图 6-1　功能系统图

　　功能系统图是设计对象抽象化的表述，实现了从以设计对象具体结构为中心的构思，转变为以功能为中心的思考，为后期设计展开创造了条件。

　　下图（图 6-2）是洗衣机的功能系统图，它是按上述方法定义和整理而得到的。为了检验功能系统图是否准确无误，可以从以下几方面提问检查："是否把下定义的功能都进行了分类？"，"是否区分出基本功能和辅助功能？"，"每个功能的目的是否明确"，"各个功能用什么手段来实现？"，"是否有相互不明确的功能？"。

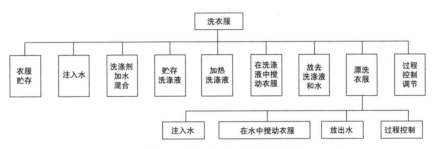

图 6-2　洗衣机的功能系统图

谋事造物——找出创意

从物到事，从情到理，设计中将设计行为理解为协调内外因素关系，并将外在资源最优化利用及创造性发挥。

基于设计内在因素和外在因素的密切关系，设计中将人为事物视为目标系统的产物。所以外部是相对而言的，是着眼于目标系统来界定的界限概念。不同的设计，解决的问题不同。解决不同的问题就要理清围绕问题的诸多因素。

1. 关系场——事与物的关联

一个人不是一个孤立的人，有家庭、亲属、朋友、师长，一切与他有关系的人；要想看清楚庐山真面目，就得站在庐山之外。要创造产品就去观察物所在的"关系场"——什么人、什么时间空间、什么行为、什么目的、什么情感与价值。一个事物也是如此，在这事物之外有许多因素制约。我们要理解事物，就应该绕到具体事物的背后，考察它的外部关系。

设计过程中更关注于各因素之间的关系。时间、空间、人、物、情境等外部因素之间有着复杂而有机的关系；工艺、材料、成本、造型、技术等内部因素之间也存在着关系；外部因素与内部因素之间同样还存在着关联性互动。复杂性范式下的系统论告诉我们，世界是个普遍联系的世界，系统因关系的众多、关系的不确定而复杂。结构主义、格式塔也都可以说是关系主义的理论。决定事物属性的因素更多地来自于关系，而不是元素。决定"物"应该如何的，更多的是特定关系，而不是元素。在教室内的行为就要为人师表，这是空间与行为的关系；20世纪50年代吃窝窝头与20世纪90年代吃窝窝头有不同的意义，这是时间与目的的关系；人行横道的红绿灯是给正常人的提示，而声音是给盲人的提示，这是人与信息的关系。如果我们孤立地搞清了人、时间、地点、动作、目的，而不去了解相互关系，就毫无用处。产品设计是一个关系系统，其外部、内部元素之间相互影响，要把握诸因素之间的关系。

随着经济和生产方式的改变，产品的外部因素和内部因素系统树已经不仅是功能、动作、原理、材料、工艺，还有"过程"。当你走进星巴克，威尔第的音乐混着蒸汽咖啡机的滋滋声回响在耳边，香浓的咖啡香气在空气中飘荡。侍者熟练、亲切，你坐在角落里，拿起杂志、啜饮一口咖啡，放松、愉悦感填满心头。星巴克提供的是什么，其实它提供的是"过程"，你享受的也是"过程"。过程中任何元素进入到你的感觉系统，形成你的美好体验。而你对这个"产品"的认知记忆也是由视觉、听觉、嗅觉等符号共同承载的。设计就是动态地组织各种元素，让人在行事的过程中得到满足。设计的研究，是动态的研究，动态地把握过程中诸因素的关系。

设计研究就是本着与用户建立最大的主体间性的原则展开，本着理解的原则，为你的目标用户创造事物，想要为用户设计产品，必须先了解用户的需求和价值观，因此，去观察、沟通，到具体的情境、事的过程中去体验无比重要。了解用户的生理生活和精神生活，而不是把设计强加于用户。

2.谋事——计划、策略与方法

"一千个观众眼中有一千个哈姆雷特"，一千个设计师心中也许有一万种定义设计的方式。好的设计固然离不开设计师的直觉、创造力和灵感，更离不开有效的设计计划、策略和方法，将天马行空的方法纳入现实的能力。

设计的过程就是解决问题的过程，在解决问题之前，当然先要明确问题是什么，是否是正确的问题。寻找并界定真正的设计问题是得出解决方法的最重要的前提。

当我们执着于设计一款前所未有的新型产品而与客户讨论时，往往忽略了真正的需求可能与客户的描述并不相同。例如，一个潜在的冰箱购买者真正的问题并不是他想拥有一个自己的冰箱，甚至是自己喜欢的某种颜色，而是需要解决食物冷藏、冷冻的问题，颜色更需要的是符合他住处的环境。因此，只要有解决食物保鲜储存、取用方便的方法就可以解决问题，并不一定要通过购买行为，或者不一定是自己的。沿着这样的思路，就可以将设计思路开阔，带来更多的可能性。可见，问题的界定需要从问题提出者的角度入手，从问题的本质入手。如何校准和界定问题，不妨依照以下几点 [1]：

（1）主要问题是什么？

（2）谁遇到了这个问题？

（3）与当前环境相关的因素有哪些？

（4）问题遭遇者的主要目标是什么？

（5）需要避免当前情境下的哪些负面因素？

（6）当前情境中哪些行为是值得采纳的？

将所得的结果整理成结构清晰、条理清楚的文字，形成设计问题，明确设计定位。对问题的清晰界定有助于设计师、客户以及其他利益者进行更有效的交流与沟通。将问题按不同的层次分类，从主要问题入手，思考产生问题的原因与影响，并将其切分成不同的细分问题，记录在便签纸上，可以使用便笺纸绘制问题树。

在完成问题界定后，可以草拟一份"要求清单"，并为所有的要求进行层次编号，以便日后引用、对照。在已有的设计问题树上搭建结构框架，便于完善此后提出的设计要求；尽可能多地定义各种设计要求；找到知识空白点，即需要通过调查研究才能得出信息，分清消费者的需求和愿望：需求一定要被满足，而愿望可以作为选择设计概念或设计方案的参考因素；删除相似的设计要求，消除歧义；检查设计要求是否有层次，并区分低层次与高层次的设计要求；确保每个要求都是有效的。

通过问题界定和问题清单两轮梳理后，设计师明确了要解决的问题和问题之间的关联性、层次关系，进入创意阶段。在这个阶段，当我们想去为某类人群解决一个实际问题时，时常会陷入混乱。不知道这类人是怎样的，不了解他们的生活，不知道哪个点是问题的七寸，不知道自己的解决方案是否真的有效。Human Center Design 是一套解决问题的思维框架，以下是用这个方法来解决问

---

[1] 贝拉·马丁.通用设计方法 [M].北京：中央编译出版社，2013.

题的一个案例[1]：

（1）发现（Discover）

在行动之前，我们希望能从诸多备选问题中寻找一个目标。这个目标必须是大家都比较感兴趣的：

例如"如何帮助那些晚上不睡，早上不起的人早点睡觉"。

针对这个问题，首先需要把我们所知道的真实的知识分享出来。这些知识需要涵盖这样几个方面：

· 什么样的人受这个问题困扰？

· 他们想早睡的愿望有多强烈？

· 他们现在尝试用什么方式解决这个问题？

· 哪些事导致了他们晚睡？

在把已知的知识挖掘并分享出来后，对这些问题我们还可以拍脑袋猜想一些答案。如果对某个问题既没有已知的知识，而且连猜都猜不出来，留空也可以。接下来我们可以把这些猜想和留空转换成第一次调研时所需要验证和发掘的对象。

由于我们对问题空间不足够了解，所以需要走出去调研。但人们有个坏习惯，总是倾向于去寻找能支撑自己已有观点的实例，所以切记放下已有成见，清空大脑去接受信息，尤其是超出自己预期的事。做调研的方式主要有以下几类：

· 访谈受此问题困扰的人

· 访谈已经成功克服这个问题的人

· 去场景中自己体验这个问题

· 到其他面临类似问题的场景中观察

第4点最有意思。比如说你要解决火车站买票的插队问题，就可以去看看银行是怎么处理排队的。比如，我们这次可以去医院观察了一下病人晚上的睡眠情况，这的确能够带来很多启发。

---

[1]　HCD 案例来源 .Human Center Design——一种为用户创造价值的创新框架 . 公众号：雪鸮的设计思考，2014.

（2）设想（Ideate）

通过各种渠道获取了足够的信息后，需要先分析出导致人们晚上不睡的原因，再有的放矢地去攻克。

首先，每个人会介绍一下在上周的调研中发现的故事。所有的听众在听的时候需要记下有启发性的信息写在便利贴上。待所有人把故事讲完后，我们会对贴在墙上的便签进行梳理，归纳出一些主题。这些主题就是等待我们去解决的挑战。比如，我们发现人们之所以晚上不睡觉，最主要有以下三个原因：

·想做点事：白天都在工作，晚上才有时间做自己想做的事。但由于拖延症等原因，半夜也没啥进展，会觉得去睡觉是浪费生命，想再搞会儿。

·身体不累：一整天都没啥体力劳动，也懒得锻炼，身体不会有疲惫想睡觉的状态。

·想玩手机：躺在床上睡不着，无聊地想玩手机，刷个微博很快时间就过去了。

基于这3个归纳出的主题，我们将其转化为3个挑战：

·我们如何能让人们不要做事做太晚。

·我们如何能让人们晚上不要玩手机。

·我们如何能让人们累一些，以促进睡眠。

针对每一个挑战，轮流头脑风暴想解决方案。这个阶段完全欢迎任何疯狂的想法。比如，甚至有人想到小偷偷换手机服务：每天下班公交车上，小偷会把你的智能机偷出来换成 Nokia1100；第二天上班时会把你的智能机还回去；每天晚上诸多智能机会被拿去租赁给 APP 开发者做测试以盈利。所有颠覆性的点子一开始看起来都是可笑的，也是不能用既往经验做评估。点子尽可能都提出来，后面再有专门的落地环节。大胆设想，小心求证。

最终罗列出来的点子会从可行性和创新型两个角度去作主观的评估，大致筛选出最有希望的几个，用于后面做出原型去测试其可行性。受限于篇幅，我们只选两个点子去展开。实际上在这个阶段，用主观经验的辨别好点子的正确率很低，应该多保留几种可能性，都做做测试。

最终选择的想进一步展开做原型的两个点子是：

·早睡基金：开发一种基金让大家投钱，早睡的人赢钱，晚睡的人输钱。

·不能用手机："小偷"偷换手机家政服务。

（3）原型（Prototype）

做原型的目的是用尽量低的成本做出一个能够被检验的东西，拿给真实用户去测试，而快速收集反馈。可以采用绘制故事板的方式，描述出一个用户是怎样使用我们的新服务去满足需求的。在这个流程上的每个环节，在实施上都存在不接地气的风险，可以先把自己的担心明确写出来，留待做用户测试时验证。

每向用户验证一次，都是主观猜想和客观实际的一次碰撞。使用原型进行低成本验证的好处就是，一旦发现之前的猜想不对，就可以立即转型，不用受太多沉默成本的羁绊。一起来看看一步步设计是如何被打磨的吧。

方案 1：

V1：开发一种基金让大家投钱，早睡的人赢钱，晚睡的人输钱。

反馈：把钱投到一家创业公司太不放心了，不敢用。

V2：请一家基金公司发布一种"早睡基金"，收益率随早睡时间上下略有浮动。

反馈：感觉变成以赚钱为目的了，会吸引很多人来 Hack，故意捣乱

V3：和餐馆等商家合作，获取他们的优惠券。想早睡的人在周一选择自己喜欢的优惠券，保持 5 天早睡，就能获取优惠券。

反馈：sounds great！

方案 2：

V1："小偷"在您下班路上把智能机换成 nokia，第二天早上换回来。

反馈：成本太高太不靠谱了。

V2：在智能机里内置软件，晚上自动加锁，只能用来打电话发短信，和 Nokia 一样。

反馈：玩手机只是导致晚睡的原因之一，还有电脑、iPad 呢。

V3：做一套智能锁，在电脑、手机、平板上都有，定时一起锁定。

反馈：听起来不错，可以试试哦。

这个框架可以帮助我们在尝试去为目标用户解决实际问题时，可以做出更

加接地气的创新方案。因为它包含两次对问题空间和解决方案的猜想和求证，所以既允许天马行空，也能收敛回生活。

产品属性对客户的重要性各不相同，可以利用 KANO 分析来确定产品的哪些属性最能影响客户的满意度。在调查和访谈中使用 KANO 模型，不仅可以了解产品的哪些属性对客户来说比较重要，并对这些属性优先排序。

KANO 模型相信很多人都已经听说过，该模型广泛用于各类产品的需求分析。较之它的始祖双因素理论，由于 KANO 模型对于需求分析的针对性和易用性，使得 KANO 模型的使用更加广泛。"满意的对立面并不是不满意而是没有满意；不满意的对立面并不是满意而是没有不满意。"这句话是双因素理论的精髓，也是 KANO 模型最重要的思想。

日本教授狩野纪昭（Noriaki Kano）在 1984 年首次提出二维模式，构建出 KANO 模型。将影响因素划分为五个类型：

魅力因素：用户意想不到的，如果不提供此需求，用户满意度不会降低，但当提供此需求，用户满意度会有很大提升；

期望因素（一维因素）：当提供此需求，用户满意度会提升，当不提供此需求，用户满意度会降低；

必备因素：当优化此需求，用户满意度不会提升，当不提供此需求，用户满意度会大幅降低；

无差异因素：无论提供或不提供此需求，用户满意度都不会有改变，用户根本不在意；

反向因素：用户根本没有此需求，提供后用户满意度反而会下降。

从 KANO 模型的因素分类可以发现，KANO 并不是直接用来测量用户满意度的方法，而是通过对用户的不同需求进行区分处理，帮助产品找出提高用户满意度的切入点。它常用于对影响指标进行分类，帮助产品了解不同层次的用户需求，识别使用户满意的至关重要的因素。将影响因素转化为具体需求。

KANO 模型，是需求实现与用户满意度之间的关系模型图，把需求按照需求满足和满意度两个维度，把需求划分为基本型需求、期望型需求和兴奋型需求三大类。同时用户的需求类型是随着时间变化的,也许期望型需求变成了基本型需求,兴奋型需求变成了期望型需求,需要重新挖掘用户的兴奋型需求(图6-3)。

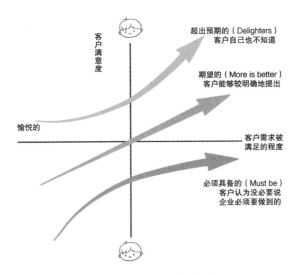

图 6-3　KANO 模型图

对于必须完成的需求,在产品发布时需要完成;同时完成尽可能多的期望型需求;如果时间允许,至少应该确定少量的兴奋点需求优先级,进入研发和发布计划;后续及时跟进用户的需求状态和类型,不断挖掘用户新的兴奋型需求。

以下是一个很有意思的话题:"女孩子都喜欢白马王子,请问作为产品经理的你,如何分析这一需求?"这个问题我们就可以利用 KANO 模型来进行分析.

(1)根据"白马王子"的特征来分析女孩子对其的需求

生理需求:

帅气型,肌肉、身高匹配、运动细胞等。

普通型,五官端正,身材不会很标致。

外貌评分低,微胖或瘦弱。

邋遢、丑、"挫"。

精神需求：

很好的涵养、疼女生、懂女生的心。

木讷，但是本身善良温柔。

恶劣、猥琐、"贱"等。

物质需求：

爱财，虚荣拜金。

衣食无忧即可，不拜金，但是要保证最起码的基本需求。

完全无所谓，苦日子也可以接受。

（2）建立 KANO 模型（图 6-4）

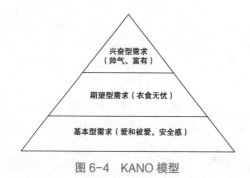

图 6-4　KANO 模型

（3）根据模型确定用户需求

处于金字塔底端的基本型需求，也是核心需求，定义为爱和被爱。如果有感情作为基础，对方又是典型的高富帅，女孩子就欣喜若狂了，这是兴奋型的需求。女孩子对基本型需求和兴奋型需求的取舍，在于这个兴奋型需求在女孩子心里的诱惑阈值。

可见，KANO 模型将需求分成"基础、扩展（期望需求）、增值（兴奋需求）"三层。可根据 KANO 模型建立产品需求分析优先级，运用到产品设计中就是要抓住用户的核心需求，解决用户痛点（基本型需求），在确保基本需求解决的前提下，给用户一些high点（兴奋型需求）。

但是就具体问题分析后发现，用户对基本需求、期望需求、兴奋需求的优先级会根据产品在用户内心的阈值而有所变化，但兴奋需求有时候是超出用户预期的（或者根本不知道），所以我们可以引导用户。

用户调研可能只能获取到期望需求（基本需求用户默认有），所以基本需求和兴奋需求需要靠自己深入调研。用户有时候并不知道他们到底想要什么，所以我们要做的是要在用户诉求中提取用户需求再转化成为产品需求。

3. 造物——形式传达功能

形态的存在由于背后的缘由。无论是自然形态还是人为形态，他们之所以能长期保存或延续下来，必然是为了适应背后的需求。例如：食肉动物和食草动物都善于奔跑，但它们的脚部形态有很大的差别，食肉动物的脚部发展成爪状，不仅适于奔跑，还适于捕猎。食草动物脚部发展成蹄形，仅仅为了站立和奔跑。通过探索这些原因，便能发现形态与功能之间总是保持着某种合理的关系，而这种关系正是一种形式追随功能、形式传达功能的逻辑关系。

形式实际上是围绕问题来展开的，观察是设计的第一步，观察是发现问题、收集信息、学习知识的过程。基于观察，重在分析。分析意在将整体的组成的成分按原理、材料、结构、工艺、技术、形式等不同角度来观察（图6-5）。

分析问题是基于观察的设计思维的深化过程。尽管"分析"问题十分重要，但设计是为了"解决"问题。分析阶段的目的是为了析出问题的本质，从而归纳出实事求是的设计定位以便解决问题。所谓"解决问题"是指提出"定位"有可能实施解决。

"归纳"还在于将具体而复杂的问题进行分类，以析出"关系"，明确"目的"为重新整合关系提出依据。

"归纳"可以进一步提高对问题的认识。如果说分析是为了由表及里、去粗取精，而归纳则是去伪存真，为由此及彼奠定基础（图6-6）。

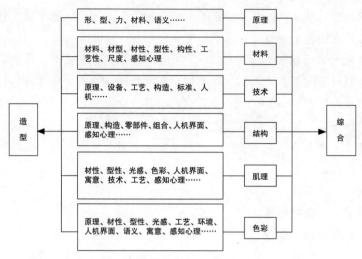

图 6-5　产品造型相关要素分析表

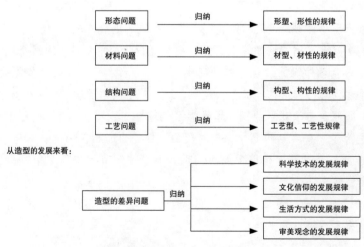

图 6-6　产品造型相关要素归纳表

归纳对设计思维是一种梳理和聚合，那么，联想则是一种发散。联想可以由表及里、由点及面。联想也是创造的准备阶段，在这个阶段不应刻意追求想象对象的合理性，而要强调思维沿不同类别抽象的归纳方向演化，使之具有发散性和新颖性（图6-7）。

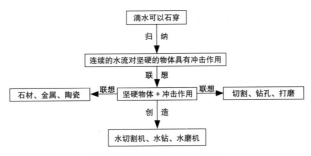

图 6-7 联想发散思维表

联想并不是无目的、无边际、低效率的乱发散，而是在观察、分析、归纳阶段中强调外因基础上，根据目的、子目的的定位；考虑原理、材料、结构、工艺、与形态之间的关系。产品形态是传递产品信息的关键要素，是产品在组织、结构、内容、功能、理念等本质因素的外在表征。产品形态设计是依据设计理念对形态要素进行再构建的行为，并且通过产品设计外观的造型手段使其具备能精准而又生动地表现其内在品质特征。

产品形态的最大作用就是充当设计者和使用者之间沟通和交流的媒介，而从符号学的角度来看，产品形态语义的作用是通过传达来实现的，因此产品形态语义具有传达产品各种信息的重要功能。从符号学角度来看，产品形态有三项作用：

（1）意指作用：指此形态表示某种意义，例如锯子表示一种可以锯东西的工具；

（2）表现作用：表达设计者的思想感情，例如一特殊形态的锯子除了表现它可锯物的功能外，也表现了设计者对造型的主观构思；

（3）传达作用：则将意指与表现作用的结果传递到使用者。

产品形态语义的研究目的是希望通过设计师的努力，使产品的外部形式能够解释和表现其内部的功能及其使用状况，通过视觉和形式的暗示进行意义的传达，以此实现人机之间信息的沟通和交流。因此，产品形态语义的传达功能具体表现在以下四个方面：

第一，产品基本信息的沟通。通过产品的形状颜色，应当传达它的功能用途，使用户能够通过外形立即认出来这个产品是什么东西，用它可以干什么，它具有什么具体功能，有什么要注意的，怎么放置等。

第二，产品操作信息的沟通。对于与用户操作过程有关的内容，例如把手、按钮、显示屏等产品部件，设计师应当采用视觉直接能够理解的产品语义方式，适应用户语言思维里的操作过程，必须提供操作反馈显示。例如，车把向右转动，车就应当向右转。按数字电话机号码时，应当提供声音反馈或指示灯反馈，使用户知道他是否正确输入了数字。

第三，产品使用方法的沟通，使用户能够自然掌握操作方法。判断一个产品的设计是否成功，最简单的方法是看用户能否不用别人教、自己通过观察、尝试后就能够正确掌握它的操作过程、学会使用。好的设计允许用户自己进行任意操作尝试，而不会损坏产品，不会造成产品的误动作，不会对用户造成伤害。

第四，产品内涵信息的沟通，包括情感的、文化的、社会的信息。随着科技的高速发展和经济水平的实质性提高，当代社会的产品需求已经开始向内涵方向发展，人们希望通过产品得到情感、文化、社会性的心理补充。因此，在保证功能性意义的前提下，设计者要更加注重产品的内涵性语义。

产品形态设计的方法很多，首先要掌握对现有形态的分析方法：首先把创造对象分解为若干项相对独立的基本要素，即要素分析；列举各基本要素可能具有的形态，即形态分析；以独立要素与各要素可能具有的形态分别为"列"与"行"，组成数学上的形态矩阵，再排列组合出可能的构造方案；最后从众多构造方案中选取最佳方案。

4. 产品课程设计习作案例

案例一：FEMATE 女性家庭妇科医疗护理器械设计
（华东理工大学设计与传媒 产品 13 级 鲍欣宁）

社会背景介绍：

近几十年来世界医疗器械行业蓬勃发展，成为全球贸易中最为活跃的项目之一。从全球来看，美国《财富》杂志将家用医疗器械列为未来 10 年增长最快的行业。欧美国家的平均消费中，保健产品的消费占了总支出的 25% 以上，而我国现在仅为 0.07%，其中人均保健品消费仅为 31 元，是美国的 1/7，日本的 1/12，中国医疗器械市场每年的增长率更是达到了 15% ~ 18%，这一系列数据表明，家用医疗器械市场成长迅速，潜力巨大。但我国医疗产品总体水平远远落后于发达国家，国内大约 70% 的医疗产品市场被大型跨国医疗设备公司占据，不仅对国内的医疗产品生产制造企业造成冲击，也带来了高涨的医疗费用。据最新数据显示，移动医疗用户中，女性用户占比 66.8%，男性用户占比 33.2%。说明女性健康护理服务是一个刚需，而且受众庞大。

随着社会的进步和科技的发展，人类的健康观念、健康方式和途径都发生着深刻的变化，家庭医疗保健工程已成为当今世界医疗领域的研究热点。其中，由于女性疾病发病率的逐年提高，尤其妇科疾病发病率的提升、性观念和性行为的变化，广大女性对女性医疗护理器械的需求也在增长，对优质医疗护理和诊治的需求日益增长。

当前，随着老百姓健康意识的提高，人们生活水平的不断改善，自我保健意识的不断增强，疾病预防胜于治疗的观念已经深入人心，如何自我治疗、自我保健、越来越受到人们的关注。更为现实的是国内目前的医疗体制不同程度地存在看病难、看病贵等问题。因此，越来越多的不同种类的复杂家用医疗器械被广大老百姓所接受，现代医疗服务已从单纯的医疗机构临床救治模式逐步发展为病前预防、住院治疗恢复及家庭护理、保健等多元化、多层次的现代医疗综合保障体系。医疗器械的使用者从传统的医护人员转变为普通患者及其家属。因此，家庭化医疗器械产品的设计核心，从以医护人员为中心转变为以患者和协助人员为中心。在这种全新理念下，设计生产的医疗产品也会为医疗和健康行业注入新的活力。

课题背景情况：

当下，女性对优质医疗护理诊治的需求和匮乏的医疗资源、医疗器械之间存在严重不对等的现象。据统计，乳腺癌、子宫颈癌、子宫体癌成为中国女性发病率最高的十大癌症类型，且发病率在近几年呈逐年递增之势，年轻化趋势显著。预计到 2030 年，我国女性乳腺癌发病数将达 23.4 万例，比 2008 年上升 31.15%。此外，世界上超过 75% 的已婚妇女体验过不同程度上的阴道炎、宫颈炎等妇科疾病困扰。从检查中做到早发现、早诊断，才能做到早治疗，这是防治各种妇科疾病和乳腺疾病的重要任务，也是妇女卫生保健的重要手段。

然而，虽然有妇科疾病的药品，但面向女性开发的预防用医疗护理产品少之又少，目前现存的产品仅针对女性孕期或运动时进行人体基本体征（心跳，脉搏，呼吸频率等）监测，包括孕妇音频系统 Ritmo、超声波扫描器 Ultra Stan、婴儿监测设备 Bellabeat Shell、胎教音频播放器 Bellybuds 等。因此，在备孕期女性助孕，女性妇科癌症疾病预防等领域仍然存在很大的设计和开发空间。

其次，很多女性，尤其是年轻女性对于妇科疾病知识的缺乏和对于妇科检查的畏惧，导致延误治疗。女性对于妇科疾病普遍存在以下两种心理：（一）羞于启齿的心态与对病症的浅显意识：面对阴道炎等妇科疾病，大多数女性的心理反应是"太丢人"、"不能让别人发现"、"挺挺就过去了"，由于对妇科病的浅显意识和不重视，往往会错过最佳的治疗时间。（二）对妇科检查的畏惧与逃避正规治疗：冰冷的操作台，冰冷的仪器，"粗暴"的检验手法都会让女性产生畏惧情绪。部分用户一般不选择去正规医院进行治疗，在没有医嘱的情况下私自购买药品，进而无法对症下药，造成病症恶化。

此外，已有的妇科疾病治疗产品缺乏人文关怀，用户体验差。目前市面上的已有妇科疾病治疗药品与检测工具，仅仅追求药效功能，药品使用方法有些"暴力"，缺乏对患者生理、心理考虑的基本设计意识。市场上已有的妇科疾病治疗产品还停留在仅仅把它视为普通产品，对产品的人机关系设计考虑较少，特别是产品的人性化、宜人性设计方面几乎更是空白。如何把设计心理学和用户体验的理论运用到女性医疗护理器械设计中，也是我们现在所正面临的主要难题和待解决的问题。

理论支撑：

用户体验，是一种纯主观在用户使用产品过程中建立起来的感受。它是以用户为核心的体验，好的用户体验设计能够满足用户更多情感化需求，甚至是超出用户的情感化需求。它的出现体现了使用者对产品的更高要求。用户体验作为消费者对产品的更高层次追求，势必会影响到工业产品的设计和开发。这就要求在用户需求大前提下对医疗产品，尤其是女性医疗产品进行再创造，以满足当下使用者——尤其是女性使用者对用户体验下的家庭化医疗护理器械的需求。

技术支撑：

庭医疗保健工程（Home Health Care），简称 HHC，其主要内容是：将千家万户和医疗联系起来，实现医疗进入家庭，在配备先进适宜的医疗设备的条件下，病人可以在家中（社区）以通讯方式将信息（生理参数）迅速传递，报告给远方的医生，从而得到相应治疗指导甚至救援，在家中对病人实施监护、诊断、治疗康复和保健。HHC 的产品类型有以下几种：

（1）检测与监护技术及产品

（2）家庭医疗监护网系统

（3）家庭医疗保健治疗技术与装置

通常 HHC 检测与监测的主要生物信息有：（1）循环系统功能信息（心电图、血压、心律等）。（2）呼吸功能信息（动态血氧饱和度、呼吸曲线等）。（3）神经功能信息（脑电图、肌电图等）。（4）孕产妇信息（早孕宫缩压力、胎儿心律等）。（5）内分泌检测信息（血糖、尿糖等）。（6）其他生物信息（体温、排汗量、膀肌储量、皮肤弹性等）。

ZigBee 短距离通信技术为面向家庭的无线医疗提供理论依据，并且设计了协调器与上位机、路由节点、传感器节点的通信协议。ZigBee 短距离通信技术在家庭环境中，能够有效地克服各种家用设备的干扰，数据传输准确率高，能够完全覆盖家庭环境，满足无线医疗监护的要求。

设计过程缩略：（图 6-8 ~ 图 6-31）

第一部分　定义人群

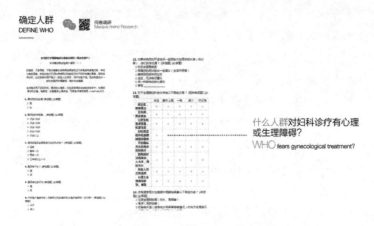

图 6-8　人群确定相关问卷调查

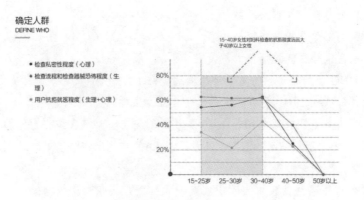

图 6-9　人群确定相关整理归纳表

确定目标人群：22 ~ 40 岁对妇科诊疗有抗拒心理的、性成熟女性。

第二部分　定义需求

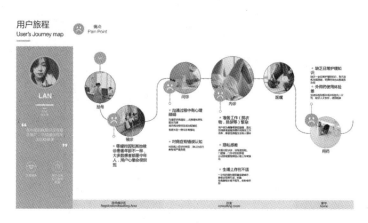

图 6-10　用户旅程图

图 6-11　用户画像 1

on

on

on

on

on

on

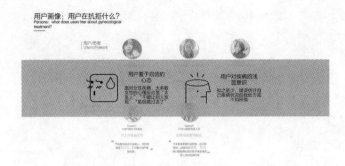

图 6-12　用户画像 2

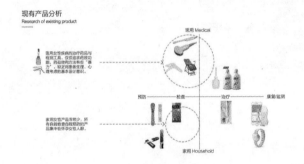

图 6-13　现有产品分析 1

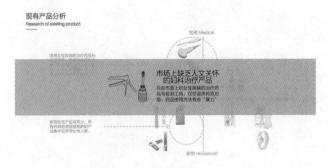

图 6-14　现有产品分析 2

第三部分　定义功能

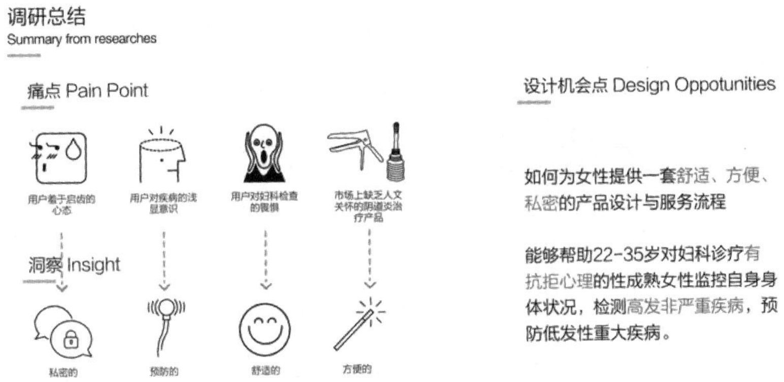

调研总结
Summary from researches
痛点 Pain Point
用户羞于启齿的心态
用户对疾病的浅显意识
用户对妇科检查的畏惧
市场上缺乏人文关怀的阴道炎治疗产品
洞察 Insight
私密的
预防的
舒适的
方便的
设计机会点 Design Oppotunities
如何为女性提供一套舒适、方便、私密的产品设计与服务流程
能够帮助22-35岁对妇科诊疗有抗拒心理的性成熟女性监控自身身体状况，检测高发非严重疾病，预防低发性重大疾病。

图 6-15　痛点总结

频发疾病症状&检查手段
Frequent Disease Symptom&Examinational Means
月经不调
阴道炎
意外妊娠
不孕症
宫颈病变
宫颈炎症
子宫肌瘤
盆腔炎症
重要指标&家中检测可行性
频发
病发后虽然自愈，但留下病根
现有自检成熟技术
性激素
基础体温
细菌（念珠菌等）
真菌
孕酮
hpv病毒
阴道清洁度
b超
分泌物涂片
PH变色试纸、手套、棉棒
HPV病毒检测试剂

图 6-16　频发疾病症状及检测手段

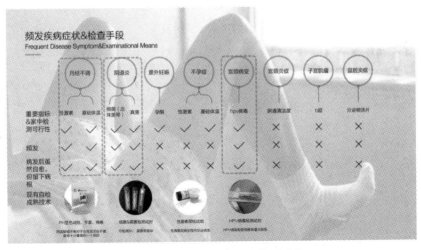

第四部分 方案生成

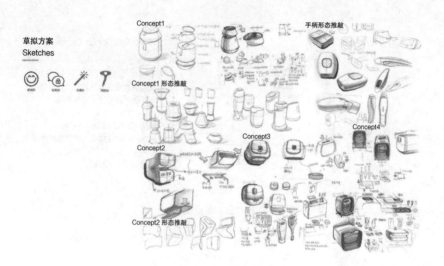

图 6-17 草方案阶段 1

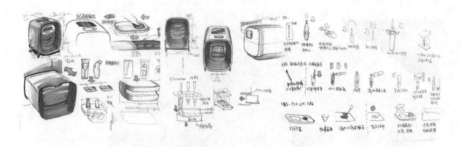

图 6-18 草方案阶段 2

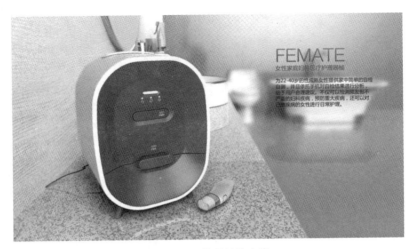

图 6-19　外观整体方案

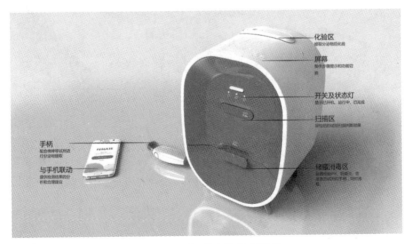

图 6-20　外观功能分区说明

操作显示屏，进行每日问诊

图 6-21　外观顶部功能分区说明

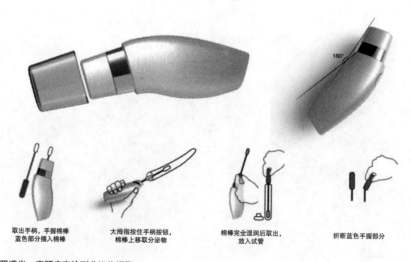

取出手柄，手握棉棒　　大拇指按住手柄按钮，　　棉棒完全湿润后取出，　　折断蓝色手握部分
蓝色部分插入棉棒　　棉棒上移取分泌物　　放入试管

Ph，阴道炎，宫颈病变检测分泌物提取

图 6-22　产品附件

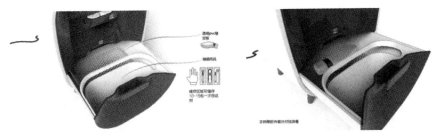

图 6-23 产品内部功能区说明 1

Ph，阴道炎，宫颈病变检测入口

图 6-24 产品内部功能区说明 2

Ph 检测只需将棉棒放置进去

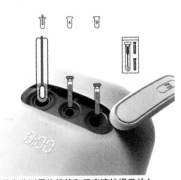

阴道炎监测需将棉棒和反应液按提示放入

图 6-25 产品内部功能区说明 3

宫颈病变监测（已有相对成熟的渠道）

大拇指按住手柄按钮，
刷头上移取分泌物

将刷头放入试管中，并装
入无菌袋内

快递至卫生机构检验

图 6-26　检测服务系统支撑

检测性激素试纸入口

抽拉试剂条白色部分

翻转后蓝色部分的试
纸朝外

进行尿检

将蓝色部分旋转后插
回白色部分

图 6-27　产品内部功能区说明 4

放入扫描区扫描，扫描完毕后原处取出

图 6-28 产品内部功能区说明 5

手机联动，私密和及时地提醒用户

图 6-29 产品服务系统 APP 界面

垃圾回收口

图 6-30 产品背面效果图

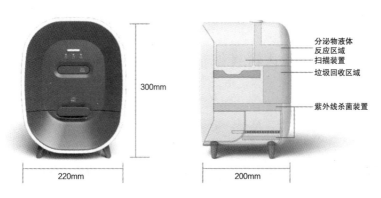

分泌物液体
反应区域
扫描装置
垃圾回收区域

紫外线杀菌装置

300mm

220mm

200mm

图 6-31 产品外观尺寸及功能区域示意图

179

对于女性医疗护理器械这样一种冷门产品设计领域，作者希望以女性设计师的身份为女性群体设计一款家用医疗护理器械，为女性的健康保驾护航。随着调研的深入，女性用户妇科诊疗中的实际痛点超出原有预期，在生理和心理层面都存在着严重的障碍。作者基于用户体验理论的深刻研究和理解，对调研中的用户旅程、用户画像、问卷信息进行逻辑性整理后，设计了 FEMATE 女性医疗护理器械。

案例二：区域内应急设备设计研究——警用小型无人机设计
（华东理工大学设计与传媒　工设 13 级　何宇瑶）
社会背景介绍：

无人机是利用无线电遥控设备或自身程序控制装置操纵的无人驾驶飞行器。近年来，无人机一直是各大媒体平台的热点话题，其中，大疆无人机的各系列产品迭代引发诸多话题热点。无人机自 20 世纪 20 年代开始出现至今，不仅在军事领域大放异彩，几十年发展累积的技术进步，使得无人机越来越往小型化发展，制造成本的降低，使得无人机从战场逐渐走向民间。警用无人机也是无人机技术的一个重要应用领域。

从技术角度定义，无人机可以分为：无人固定翼机、无人垂直起降机、无人飞艇、无人直升机、无人多旋翼飞行器、无人伞翼机等。而在警务领域应用的无人机，大多以多旋翼无人飞行器这种小型轻便的无人机为主。小型警用无人机能够携带一些重要的设备，如：高清摄像机、远程红外热成像仪、信号屏蔽仪、高倍扩音器、微型直放站等，从空中实现快速部署并执行特殊任务，比如空中侦察、目标搜索、广播宣传、局域通讯、局部信号屏蔽、紧急救援、现场音视频实时回传等，甚至可以携带非致命性武器进行辅助攻击，为公安机关的打防管控工作助了一臂之力。因此，从警用无人机的功能和发展趋势来看，让小型无人机成为未来警察的随身执法小助手，绝非是科幻电影中的场景。

课题背景情况：

1947 年，美国警方开启应用飞机开展警务活动的先河。1994 年，武汉市公安局在全国也率先开始了采用直升机执法的方式。2010年，警用无人机在国内开始出现相关报道，有公安机关利用无人机高清图像传输、体积小噪音小隐蔽性强的特点，侦察到贩毒团伙窝点的案例有之；突发火灾，利用无人机勘探火源和火势情况的案例；有利用无人机成功搜捕野外潜逃罪犯的案例；也有利用无人机对群体性闹事事件空中监控取证的案例……自2010年、2011年以来，我国北京、广东、新疆、湖北、江苏等地陆续开始探索无人机辅助警察开展执法行动的形式，近几年来，其应用场景主要集中于大型集会、人流密集处的安保监控；高速公路、高峰期的城市道路交通监控；稽查毒品种植基地、毒贩团伙窝点；边疆地区会在反恐防暴方面有所应用。

总的来说，截至目前，国内对警用无人机的功能附加、机型设计、系统部署、实战结合等方面仍处于试水阶段，应用基本只局限于高清图像和视频的采集上。因此，随着无人机技术的不断发展、续航能力不断增强、荷载能力不断加大的情况下，作为未来警察的执法标配，小型无人机在附加功能上，除了图像采集，还有极大的探索空间；在机型设计上，出于警用这种特殊身份，其工业造型的符号性、标志性以及警示性也是值得考究的。此外，智慧城市、物联网在近年发展得如火如荼，能否结合智慧城市和物联网，通过完备的系统设计，使得无人机与警察、无人机与警车、无人机与无人机、无人机与城市之间，实现联动结合，打造出未来真正的疏而不漏的智慧警务。

理论支撑：

随着"互联网＋"和物联网技术的推广应用，智慧警务需要充分利用各种自动化设备，并赋予物以智能，使充满智慧的人与具备智能的物之间能够进行信息交流，为警务工作提供高效的方法手段。警务工作进入数据时代是大势所趋，而无人机在未来智慧警务工作中的角色必然举重若轻。

无人机费用低廉，执法效率高；使用方式灵活；起降简单，动力多样；全时作业、快速机动；隐身性强，不易被敌人发现；适用范围广；无人机能结合红外热成像、可见光探测等载荷设备，处置突发事件；提高警务效率和安全性。

警用无人机可用于大型活动现场秩序维护；可用于对高速公路堵车和侵占应

急车道的处置；无人机可用于救灾应急；可用于流窜犯抓捕。无人机凭借其机动灵活、快速响应，以及可以搭载各种警用设备的特点，可应用在警务领域的巡逻、执法现场、重点区域（目标）监控和执法过程证据采集、交通工具追截、协助攻击、应急救援等领域，具有极大的优势，利于提高整个指挥系统的效率。

设计过程缩略：（图 6-32 ~ 图 6-49）

第 1 部分　选题原因

图 6-32　选题原因分析 1

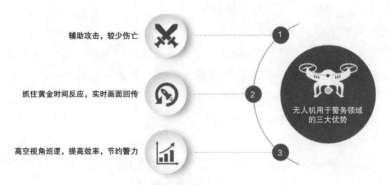

图 6-33　选题原因分析 2

第二部分　设计定位

城市布警特点——重点区域布警

安全事件等级：
一级、二级恶性事件发生概率更高

日常布警方式：
"车辆驻点＋自行车骑巡＋队员步巡"三合一巡逻模式

巡控等级：一级、二级

城市布警特点——非重点区域布警

图 6-34　设计定位分析 1

巡控等级：三级、四级

安全事件等级：
三级、四级基础性治安案件

日常布警方式：
车巡为主，特殊地点定点盘查

图 6-35　设计定位分析 2

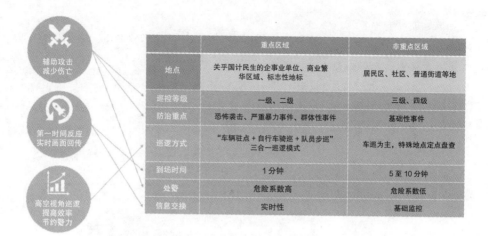

图 6-36　设计定位分析 3

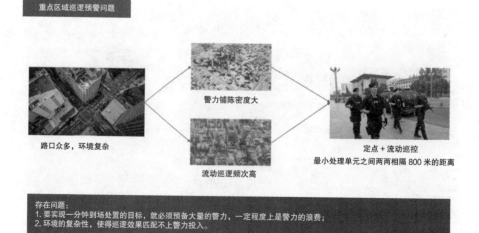

图 6-37　设计定位分析 4

重点区域处突问题

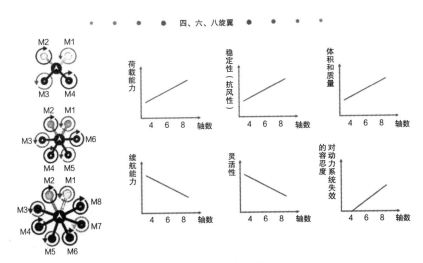

暴恐事件

接到报警 → 赶赴现场 → 摸清敌方情况 → 增援警力携带针对性装备赶赴现场 → 控制犯罪分子

群体性事件

接到报警 → 赶赴现场 → 使用防暴盾牌筑人墙围堵 → 沟通疏导人群 → 催泪瓦斯强制驱散人群

主要问题：耽误处置的黄金时间

图 6-38　设计定位分析 5

第三部分　技术参数

四、六、八旋翼

图 6-39　技术参数分析 1

基础参数

 速度：98 千米 / 小时

 荷载：3.5 千克

 飞行半径：10 千米

 续航时间：60 分钟

 安全性控制：一键返航、失控返航、低电量报警、数据黑匣子

 多种控制模式：手动增稳、自主起飞 / 降落；姿态稳定 /GPS 姿态稳定

图 6-40　技术参数分析 2

第四部分　设计构想

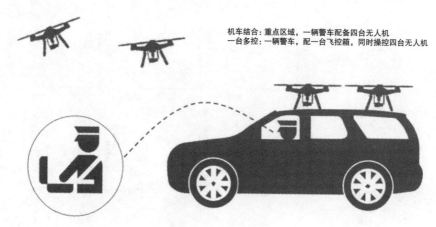

机车结合：重点区域，一辆警车配备四台无人机
一台多控：一辆警车，配一台飞控箱，同时操控四台无人机

图 6-41　设计构想 1

无人机日常巡逻的标配模块

警灯	高清摄像头	高音喇叭	

警灯	高清摄像头	催泪瓦斯

无人机处理突发情况的更替模块

变频眩晕器	热成像摄像头	高空抛洒装置（拦车钉）	震爆弹投放装置

图 6-42　设计构想 2

日常巡逻

图 6-43　设计构想 3

图 6-44　设计构想 4

第五部分　方案生成

图 6-45　单品设计方案

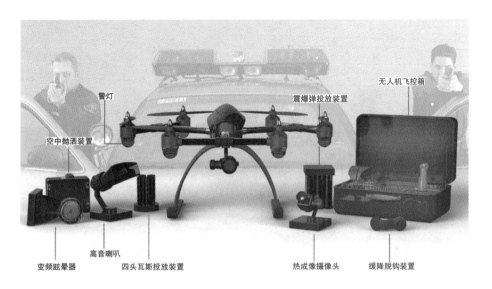

警灯

震爆弹投放装置

无人机飞控箱

空中抛洒装置

变频眩晕器

高音喇叭

四头瓦斯投放装置

热成像摄像头

缓降脱钩装置

图 6-46 系统设计方案

图 6-47 设计方案细节说明 1

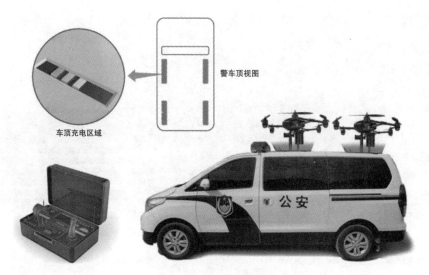

警车顶视图

车顶充电区域

图 6-48　设计方案细节说明 2

　　在城市安防体系的重点区域，为了在处置恶性事件中减少警察伤亡，并且能实现第一时间反应、处置，进行现场画面实时回传，提高日常巡逻效率、节约警力而设计的警用无人机，能够融合到警察日常警务的巡逻系统和应急处突的作战系统中。

图 6-49　设计方案细节说明 3

　　该款警用无人机采用了"模块更替"、"一台多控"、"机车结合"的创新设计，具备高清摄像头和警灯的标配模块以及高音喇叭、催泪瓦斯投放器、红外摄像头、变频眩晕器、高空抛洒装置、震爆弹投放装置等可更替模块。

参考文献

[1]　柳冠中 . 事理学论纲 [M]. 南京：南京大学出版社，2006.

[2]　柳冠中 . 设计是人类的未来不被毁灭的"第三种智慧" [C]. 株洲：2010 年绿色设计国际学术研讨会，2015.5.

[3]　简召全 . 工业设计方法学 [M]. 北京：北京理工大学出版社 .2006.

[4]　尹定邦 . 设计学概论 [M]. 长沙：湖南科学技术出版社，2004.

[5]　陈汉青 . 产品设计 [M]. 武汉：华中科技大学出版社，2005.

[6]　[日] 原研哉 . 设计中的设计 [M]. 朱锷译 . 济南：山东人民出版社，2006.

[7]　中国企业红点奖崭露头角 . 中国文化创意产业网 .2015 年 5 月 8 日 .http：//www.ccitimes.com.

[8]　林桂岚 . 挑食的设计 [M]. 济南：山东人民出版社，2007.

[9]　[日] 佐藤大 . 用设计解决问题 [M]. 北京：北京时代华文书局，2016.

[10]　唐纳德·A·诺曼 . 设计心理学 [M]. 北京：中信出版社 .2015.

[11]　贝拉·马丁 . 通用设计方法 [M]. 北京：中央编译出版社 .2013.

[12]　威廉·立德威尔 . 通用设计法则 [M]. 北京：中央编译出版社 .2013.

[13]　代尔夫特理工大学工业设计工程学院 . 设计方法与策略 [M]. 武汉：华中科技大学出版社，2014.

[14]　[日] 佐藤大 . 由内向外看世界 [M]. 北京：北京时代华文书局，2015.

[15]　布鲁斯·布朗 . 设计问题第一辑 [M]. 北京：清华大学出版社，2016.

[16]　布鲁斯·布朗 . 设计问题第二辑 [M]. 北京：清华大学出版社，2016.

[17]　亚历山大·奥特斯瓦德 . 商业模式新生代（经典全译篇）[M]. 北京：机械工业出版社，2016.

[18]　亚历山大·奥特斯瓦德 . 商业模式新生代（个人篇）[M]. 北京：机械工业出版社，2015.

[19]　亚历山大·奥特斯瓦德 . 价值主张设计 [M]. 北京：机械工业出版社 .

[20]　本·里森·拉夫朗斯·乐维亚.商业服务设计新生代 [M].北京：中信出版社，2017.

[21]　张淑君.服务设计与运营 [M].北京：中国市场出版社，2016.

[22]　莉亚·布雷.用户体验多面手 [M].武汉：华中科技大学出版社，2014.

[23]　中华人民共和国国家知识产权局网站.2011 年 4 月 8 日.http://www.sipo.gov.cn/sipo2008/.

[24]　郁欣.体验经济下情感设计研究 [DB].中国知网：www.cnki.net.2010.

[25]　金思含.基于服装造型设计中色彩个性化表现研究 [DB].中国知网：www.cnki.net.

[26]　刘晓刚.服装设计文案论 [J].上海：东华大学学报.

[27]　于园园.汉语食器词语的文化语义研究 [DB].中国知网：www.cnki.net.

[28]　蒂姆·布朗（Tim Brown）.IDEO，设计改变一切 [M].辽宁：万卷出版公司，2011.

[29]　丹尼尔.贝尔.后工业社会 [M].北京：科学普及出版社，1985.

[30]　托夫勒.未来的冲击 [M].蔡伸章译 [M].北京：中信出版社，2006.

[31]　克里斯.莱夫特瑞.欧美工业设计 5 大材料顶尖创意——塑料 [M].上海：上海人民美术出版社.

[32]　（英）克里斯·拉夫特里.产品设计工艺经典案例解析 [M].刘硕译.北京：中国青年出版社，2008.

[33]　（英）米奥多尼克.迷人的材料 [M].赖盈满译.北京：北京联合出版公司，2015.

[34]　（英）哈德森.产品的诞生 [M].北京：中国青年出版社，2009.

[35]　（日）谷崎润一郎.阴翳礼赞 [M].陈德文译.上海：上海译文出版社，2010.

[36]　（日）黑川雅之.日本的八个审美意识 [M].王超鹰，张迎星译.河北：河北美术出版社，2014.

[37]　（美）立德威尔，（美）霍顿，（美）巴特勒.设计的法则 [M].李婵译.辽宁：辽宁科学技术出版社，2010.

[38]　（美）托马斯·洛克伍德.设计思维：整合创新、用户体验与品牌价值 [M].李翠荣，李永春译.北京：电子工业出版社，2012.

[39]　Jonathan Cagan，Craig M.Vogel.创造突破性产品 [M].机械工业出版社，2004.

[40]　Bruce Hanington，Bella Martin.Universal Methods of Design[M].Rockport Publishers，2012.

[41]　Liang-Hsuan Chen，Wen-Chang Ko.A fuzzy nonlinear model for quality function

deployment considering Kano's concept[J]. Mathematical and Computer Modelling 48（2008）581–593.

[42] Yongqiang Liaoa，b，Chunyan Yanga ，Weihua Li. Extension Innovation Design of Product Family Based on Kano Requirement Model[J]. Information Technology and Quantitative Management（ITQM 2015）: 268 – 277.

[43] Elke den Ouden. Innovation Design Creating Value for People，Organizations and Society[M]. Springer London Dordrecht Heidelberg New York，2011.

[44] Elvin Karana，Bahareh Barati，Valentina Rognoli ，Material Driven Design（MDD）: A Method to Design for Material Experiences[J]. International Journal of Design Vol. 9 No. 2.2015: 35-54.

[45] Pieter M. A. Desmet. Design for Mood: Twenty Activity-Based Opportunities to Design for Mood Regulation[J]. International Journal of Design Vol. 9 No. 2.2015: 1-19.

[46] Francesco Pucillo and Gaetano Cascini，Politecnico di Milano. A framework for user experience，needs and affordances[J]. see front matter Design Studies 35（2014）: 160-179.

[47] 单筱秋. 浅议人机交互界面研发中的用户体验设计 [J]. 南京艺术学院学报 .2013（06）: 181-183.

[48] 徐孟飞. 有体温的 HMI，给汽车添些情商 [J]. 用户体验行业文集，496-500.

[49] 刘晓陶. 生态设计 [M]. 山东美术出版社，2006 年 .

[50] 刘光复. 绿色设计与绿色制造 [M]. 北京: 机械工业出版社 .2000.

[51] （美）维克多·帕帕纳克. 为真实的世界而设计（M）. 北京: 中信出版社 .2012.

[52] （美）凯文·凯利. 必然（M）.周峰，董理，金阳译. 北京: 电子工业出版社 .2016.

[53] （美）唐纳德·诺曼. 未来产品的设计（M）.刘松涛译. 北京: 电子工业出版社 .2009.

[54] Mike C. Lin ，Bobby L. Hughes，Mary K. Katica. Service Design and Change of Systems: Human-Centered Approaches to Implementing and Spreading Service Design[J]. International Journal of Design. 2011（5）: 73-86.

[55] Effie Lai-Chong Law，Paul van Schaik ，Virpi Roto. Attitudes towards user experience（UX）measurement[J]. Int. J. Human-Computer Studies.2013: 1-15.

[56] Manuel Pérez Cota , Jörg Thomaschewski. Efficient Measurement of the User Experience. A Portuguese Version[J]. Procedia Computer Science. 2014（27）: 491 – 498.

[57] Marie Chana, Daniel Estève. Smart wearable systems: Current status and future challenges[J]. Artificial Intelligence in Medicine. 2012（56）: 137–156.

[58] Mace, R., L., Universal Design[J]., in Designers West. 1985: 4.

[59] Aslaksen, F., et al., Universal Design: Planning and Design for All[J]. The Norwegian State Council on Disability. 1997: 44.

[60] 公益资源和平台 http: //www.shouyugongyi.org/cn/project/emergency/2014-11-13/14.html.

[61] 东京防灾手册，https: //www.iyeslogo.com/bousai-tokyo/.

[62] 李晓丰，成思，王雨南，汪晓春.地震应急救灾产品的情感化设计 [J].包装工程.2011（1）: 44-47.

[63] 邵健伟，香港理工大学设计学院公共设计研究室.灾后急救产品及设施: 公共设计的方向与思 [C].浙江宁波中国工业设计周峰会"防灾减灾与安全救助"工业设计论坛.2008.

[64] [瑞士] 皮亚杰.教育科学与儿童心理学 [M].傅统先译.北京: 文化教育出版社.1981.

[65] 车文博. 西方心理学史 [M].湖南: 湖南教育出版社.2017.

[66] 孙文涛，魏雅莉.老年人产品发展趋向与产品关怀设计应用研究 [J].包装工程.2017（05）: 120-123.

[67] 谢晓宇.共享经济背景下产品服务系统设计研究 [DB].中国知网: www.cnki.net.

[68] Marc Stickdorn, Jakob Schneider. This is Service Design Thinking: Basic，Tool，Cases. Wiley，2012.

[69] 卡尔·T·犹里齐.Product Design and Development. 山东: 东北财经大学出版社，2008.

[70] DK. Design The Definitive Visual History. United Kingdom: DK.2015.